beck'sche reihe

denker

Sucht man in Keplers Lebensgeschichte nach dem, was die Einzigartigkeit dieses Denkers ausmacht, so sind vielleicht drei Momente besonders hervorzuheben: als erstes die Weltbeziehung in der zielstrebigen Suche nach dem kosmischen Ursprung; dann die Gottesbeziehung in dem umfassenden Verständnis von Wissenschaft als einem priesterlichen Dienst an der Natur; schließlich die Beziehung zur irdischen Welt in der offenen Absage an eitle und nichtige Äußerlichkeiten. Erkenntnisfreude, Demut und Charakterstärke sind die großen Tugenden von Keplers Persönlichkeit gewesen.
Volker Bialas legt mit diesem Band eine fundierte und anregende Einführung in Leben, Werk und Weltanschauung Keplers vor und setzt dabei durch die Akzentuierung des philosophisch-ganzheitlichen Denkens bewußt einen Kontrapunkt zum herkömmlichen Kepler-Bild.

Volker Bialas ist Mitherausgeber der Johannes Kepler-Gesamtausgabe an der Bayerischen Akademie der Wissenschaften, München. Die Erforschung der Ideenwelt Johannes Keplers steht seit vielen Jahren im Zentrum seiner Forschungstätigkeit. Die *Gesammelten Werke* Johannes Keplers sowie die *Bibliographia Kepleriana* erscheinen im Verlag C. H. Beck.

Volker Bialas

Johannes Kepler

Verlag C. H. Beck

Mit 24 Abbildungen im Text

Originalausgabe

© Verlag C. H. Beck oHG, München 2004
Satz: Fotosatz Reinhard Amann, Aichstetten
Druck und Bindung: Druckerei C. H. Beck, Nördlingen
Umschlagentwurf: +malsy, Bremen
Umschlagillustration: © AKG, Berlin
Printed in Germany
ISBN 3 406 51085 X

www.beck.de

Inhalt

Abkürzungen, Zitierweise	7
Vorwort	9

I. Einführung

1. Geistesgeschichtlicher Hintergrund: Zum Verhältnis von Wissenschaft und Philosophie um 1600	11
2. Keplers Leben und Werk	16
2.1 Jugend- und Studienjahre, geistige Prägungen	16
2.2 Wirkungsstätten und Umfeld; Korrespondenz und wichtigste Werke	24

II. Wissenschaft und Philosophie

1. Erkenntnislehre und Methodenfrage	49
1.1 Einführung in die erkenntnistheoretischen Problemstellungen	49
1.2 Mathematische Form der Naturerkenntnis: Quantitäten und Archetypen	51
1.3 Empirie und sinnliche Wahrnehmung	55
1.4 Hypothese und Naturgesetz: Das Realismusproblem	60
2. Die Keplersche Wende. Begründungsformen der neuen Astronomie	64
2.1 Konzeptionelle Voraussetzungen	64
a) Auseinandersetzungen mit der Ideenwelt des Platonismus	65
b) Die Denker des Unendlichen: Nicolaus Cusanus und Giordano Bruno	68
c) Die Lehren des Copernicus	71
d) Naturphilosophische Gedanken von Scaliger	77
e) Die magnetische Lehre von Gilbert	78

2.2 Die Physikalisierung der Astronomie
im trinitarischen Kosmos 80
   a) Sonnenmetaphysik, kosmologischer Raum 81
   b) Polyedereinschaltung, Raumausfüllung 85
   c) Physikalische Begründung der Himmelsbewegungen . . 88
2.3 Erste Gründe der Keplerschen Physik des Himmels 96

3. Elemente der Naturphilosophie 99
3.1 Naturbegriff und seelisches Prinzip 99
3.2 Kategorien Keplerschen Naturauffassung 104
3.3 Metaphysik des Lichtes 108
3.4 Begründung der Astrologie aus Prinzipien der Natur . . 112

III. Die Harmonie der Welt

1. Idee der Weltharmonie und Harmoniebegriff 120
2. Die mathematische Grundlegung der Harmonielehre . . . 124
3. Harmonien in der Musik 130
4. Aspektenlehre 139
5. Harmonien der Himmelsbewegungen und das
   dritte Keplersche Gesetz 144

IV. Keplers Persönlichkeit und Nachwirkungen seines Werkes

1. Friedensphilosophie 150
2. Vom Genius Keplers 154
3. Wirkung des Keplerschen Werkes 158

V. Anhang

Anhang 1: Die drei Keplerschen Gesetze 163
Anhang 2: Daten aus Keplers Leben 169

Anmerkungen 171
Literatur 176
Bildnachweis 184

Personenregister 185
Sachregister 188

Abkürzungen, Zitierweise

Abh	Abhandlung
AN	Astronomia Nova
Bd	Band
CO	Copernicus, Commentariolus
DI	Cusanus, De docta ignorantia
DM	Gilbert, De Magnete
DR	Copernicus, De Revolutionibus
HM	Harmonices Mundi libri V
Jh.	Jahrhundert
JKS	Johannes Kepler, Selbstzeugnisse, 1971.
KOO	Ioannis Kepleri astronomi Opera Omnia, 8 Bände, 1858 bis 1871. Zitiert wird nach Band und Seite.
KGW	Johannes Kepler Gesammelte Werke, 1937ff. Zitiert wird nach Band u. Seite, manchmal dazu noch nach Zeile; bei Briefen auch nach Brief-Nummer der Ausgabe.
MC	Mysterium cosmographicum
Mss	Kepler Mansukripte Pulkowo, heute: Archiv Akademie Wissenschaften zu St. Petersburg (alte Numerierung der Bände). Zitiert wird nach Band u. Blatt; v ist verso (Rückseite).
NK	Nova Kepleriana, Neue Folge. 1969 ff.
PT	Ptolemaios, Almagest
Ti	Tertius interveniens
WH	Weltharmonik. Übersetzung von Max Caspar, 1971.

Vorwort

Die Philosophie ist Allgemeingut der ganzen Menschheit – so kennzeichnet der weltberühmte Astronom und Mathematiker Johannes Kepler (1571–1630) sein Wissenschaftsethos, das ihn merklich von den meisten seiner Fachkollegen und Zeitgenossen unterscheidet. Kepler möchte dem Leser Geheimnisse der Natur offenbaren, mit seinem Werk dem ganzen Menschengeschlecht dienen und den Urheber aller Dinge feiern. Keplers Werk ist von einer vielschichtigen Gedankentiefe, die ich in dem vorliegenden Buch wohl zu skizzieren versuche, nicht aber auszuloten vermag.

Die Entstehung dieser Arbeit resultiert aus meiner vieljährigen Tätigkeit für die Herausgabe von Keplers Gesammelten Werken in der Kepler-Kommission der Bayerischen Akademie der Wissenschaften. Erst in der abschließenden Phase der Edition, da auch die handschriftlich überlieferten Manuskripte Keplers in ihren wichtigsten Teilen erschlossen sind, konnte dieses Buch über Kepler als Denker geschrieben werden.

Insofern bin ich allen an der Kepler-Ausgabe Beteiligten zu großem Dank verpflichtet, insbesondere den früheren Herausgebern *Max Caspar*, *Franz Hammer* und *Martha List*.

Danken möchte ich *Roland Bulirsch*, dem Vorsitzenden der Kepler-Kommission, für sein reges Interesse an dem Fortgang der Arbeit; *Dunja Bialas* für die Hilfe bei der Erschließung des Textes zum ersten Kapitel von Keplers *Optik*; *M.A. Cara* für wertvolle Hinweise zur Astrologie; *Fritz-Gert Weinrich* für die Reinzeichnung einiger von mir entworfener Abbildungen; vor allem aber *Hans Wieland*, Mitglied der Kepler-Kommission, der das Druckmanuskript kritisch durchgesehen und zur besseren Lesbarkeit des Buches erheblich beigetragen hat.

München, im Sommer 2003   *Volker Bialas*

I. Einführung

1. Geistesgeschichtlicher Hintergrund: Zum Verhältnis von Wissenschaft und Philosophie um 1600

Keplers Lebenszeit (1571–1630) fällt in eine Periode schwerer politischer Konflikte und großer geistiger Auseinandersetzungen. Nach 1600 erreichten die konfessionellen Streitigkeiten des Christentums ein bis dahin nicht gekanntes Ausmaß. Die entsetzliche Folge der religiös-politischen Verwirrung war der Dreißigjährige Krieg, der für mehr als ein Jahrhundert Mitteleuropa verwüstet und verödet hat. Schiller schrieb 150 Jahre später:

«Ein dreißigjähriger verheerender Krieg, der von dem Innern des Böhmerlandes bis an die Mündung der Schelde, von den Ufern des Po bis an die Küsten der Ostsee Länder entvölkerte, Ernten zertrat, Städte und Dörfer in die Asche legte; ein Krieg, in welchem mehr als dreimal hundert tausend Streiter ihren Untergang fanden, der den aufglimmenden Funken der Kultur in Deutschland auf ein halbes Jahrhundert verlöschte und die kaum auflebenden bessern Sitten der alten barbarischen Wildheit zurückgab.»
(Schiller 1976, 10)

In geistesgeschichtlicher Hinsicht waren die Ideen des Renaissance-Humanismus noch immer wirksam. Die Lehren des Copernicus wurden erörtert, und mittels neuer Forschungsansätze und Methoden begannen die Naturforscher die mathematischen Wissenschaften neu zu begründen. In künstlerischer Hinsicht läßt sich diese Zeit vielleicht am ehesten als Epoche zwischen Spätrenaissance und

Frühbarock charakterisieren; der Manierismus in der Malerei wird fast signifikant für diese krisenhafte Übergangszeit.

Hier mochte noch ein Nachhall geblieben sein aus der Zeit der Magier und Alchemisten. Dieses Zeitalter wird uns von Goethe im Bild des Doktor Faustus als dem Porträt eines hemmungslosen Wissensuchenden – in Wirklichkeit wohl der Schwarzkünstler *Georg Faust* (ca. 1489–1536) – nahegebracht. Dazu gesellte sich ein Nostradamus, *Michel de Notredame* (1503–1566), dessen dunkle Prophezeiungen in gereimten Vierzeilern bis heute Unruhe gestiftet haben; des weiteren der in sich widerspruchsvolle *Johannes Reuchlin* (1455–1522). Obwohl humanistischer Gelehrter von hohem Rang, versuchte sich Reuchlin in einer okkulten Abhandlung mit dem Titel *De arte cabbalistica* durch eine Kombination von Zahlen, Buchstaben und Wörtern in der kabbalistischen Bibelauslegung. Neben der Kabbalah wurde insgeheim ebenso die Theosophie als eine Art «Gottesweisheit» im Sinne einer intuitiven, gefühlsbetonten Gotteserkenntnis praktiziert.

Die Gelehrten, vor allem Naturforscher und Theologen, pflegten über konfessionelle und politische Grenzen hinweg miteinander zu korrespondieren, um ihre Ansichten über wissenschaftliche Texte und Ideen, über mechanische Experimente und astronomische Beobachtungen auszutauschen. Eine neue Wissensbegierde breitete sich aus. Verbindlich blieb die umfassende Bildung auf dem Gebiet der antiken Literatur, der Kunst und Philosophie, doch ging es dabei nicht um die Pflege des antiquarischen Wissens an sich. Vielmehr wurde, indem sich aus der vergleichenden Textkritik übergreifende Zusammenhänge erschließen ließen, die Erörterung philosophischer Texte auch kritisch-philologisch abgesichert. Aber ebenso wurde durch die Rückbesinnung auf die antiken Ideenströme die Welt neu entdeckt: in der Würde und den schöpferischen Möglichkeiten des Menschen, in dem neuen Lebens- und Naturgefühl, das den Drang nach Erkenntnissen mitbestimmte.

In der Verbindung von historischem Wissenshorizont, empirischer Beobachtung und mathematischer Theorie bildete sich in den mathematischen Wissenschaften ein komplexer Wissenschaftsbegriff heraus. Nun kam der experimentellen Methode, die traditionell bereits in der Praxis der Handwerker angewandt wurde, eine wachsende Bedeutung zu. Der englische Naturforscher *William Gilbert* (1544–1603) postulierte, das Wissen über die Natur sei nicht aus

Büchern, sondern aus den Naturphänomenen selbst zu gewinnen. Die theoretische Ausarbeitung erforderte die Quantifizierung der neuen Methoden der wissenschaftlichen Erkenntnis. Daher konnte *Galileo Galilei* (1564–1642) postulieren, all das meßbar zu machen, was bisher noch nicht zu messen war. Noch grundsätzlicher erkannte *Johannes Kepler* den Weg zur wissenschaftlichen Wahrheit programmatisch darin, «vom Sein der Dinge zu den Ursachen ihres Seins und Werdens vorzudringen, wenn auch weiter kein Nutzen damit verbunden ist» (MC *Widmungsbrief*, KGW 1, 6).

Wenn auch die Naturerfahrung eine immer größere Beachtung fand, so wurde das neue Wissen doch erst sporadisch als ein Mittel praktischer Naturbeherrschung und noch nicht zur umfassenden Weltveränderung eingesetzt. Noch wurde an der metaphysischen Dignität der kosmologischen Ordnung selbst dort nicht gezweifelt, wo ihre Berechenbarkeit immer mehr das wissenschaftliche Interesse der Astronomen bestimmte.

Für das Verhältnis von Wissenschaft und Philosophie – und damit auch der Theologie – zeichnete sich tendenziell bereits eine Trennung ab. Noch aber war der naturwissenschaftliche Erkenntnisweg, d.h. die «vernünftige Selbständigkeit für das Begründungsmodell der neuen Wissenschaft» aus der kritischen Prüfung aller Schritte herzustellen (Mittelstraß 1970), nicht abgesichert. Auch weiterhin besaß der philosophisch-spekulative Erkenntnisweg insbesondere in platonischer Tradition seine Bedeutung für Lehre und Forschung. Noch waren die Wissenschaften mit den Lehrinhalten der *artes liberales* – dem traditionellen Fächerkanon der «sieben freien Künste» – eng verknüpft und schlossen so noch immer an den Kontext der großen Ideen der frühen Geistesgeschichte an.

Etwa um die Mitte des 15. Jahrhunderts, als Konstantinopel von den Osmanen erorbert wurde, führte das wiederbelebte Interesse an der Welt der Antike zu einer neuen Blüte des Platonismus, aber auch zu einer intensiveren Fortführung des Aristotelismus, der eigentlichen Schulphilosophie an den Universitäten. Beide Denkrichtungen standen durchaus konträr zueinander, stimmten aber in Teilaussagen ihrer Lehren überein.

An der Wiederbelebung platonischer Ideen – wie etwa der des mathematisch Unendlichen, der Harmonie in der Natur und der Unsterblichkeit der Seele – hatte die Gründung der platonischen Akademie in Florenz um 1440 erheblichen Anteil. Zu ihren bedeutendsten

Mitgliedern gehörten *Gemistos Plethon* (ca. 1369–1452), Kardinal *Bessarion* (1403–1472) und *Marsilio Ficino* (1433–1499).

Prinzipiell stand die Mathematik nicht der Philosophie entgegen, sondern war in pythagoreisch-platonischer Denktradition geradezu die Essenz ihrer Naturvorstellung. *Cusanus* (1401–1464) schloß an die Idee des mathematisch Unendlichen an, die, auf kosmologische Fragestellungen bezogen, zur Vorstellung eines grenzenlosen Kosmos ohne Mittelpunkt führte. Von dieser Idee des Cusanus zeigte sich noch mehr als hundert Jahre später *Giordano Bruno* (1548–1600) stark beeinflußt.

Kepler verband mit dem «göttlichen Cusaner» besonders die neuplatonische Hochschätzung der Mathematik. Hiernach ist die Philosophie so eng an die Mathematik gebunden, daß Kepler postulieren konnte, es sei «die ganze Philosophia aus den mathematischen Dingen entstanden» und es könne einer, der bei seinen philosophischen Studien ohne Mathematik auszukommen meine, «auch in Ewigkeit kein Philosophus genannt werden» (KGW XI.2, 86). Die mathematischen, also auch quantitativen Figuren, sind Dinge der Vernunft, die nach ihrer Maßgabe konstruierbar und anschaubar werden.

Eine andere Auslegung platonischer Ideen strebte die hermetisch-platonische Naturphilosophie an. Die «chemische Philosophie», besonders von *Paracelsus* (ca. 1493–1541) beeinflußt, untersuchte die Dinge nicht nach ihrer äußeren Erscheinung, sondern nach den im Innern verborgenen Formen. Aus christlich-mystischer Sicht gelangte Paracelsus zu einer Lehre von den Elementen als den «Müttern» der Dinge. In der Zuordnung von Mikro- und Makrokosmos bezeichnen die Elemente die vier Grundformen der sinnlich wahrnehmbaren Stoffbildungen des Weltenbaues. Der Mensch ist der Mikrokosmos-Makrokosmos-Lehre zufolge in den Lauf und Rhythmus der Welt einbezogen, so daß der äußere Gang der Dinge dem inneren Ablauf der menschlichen Welt gleicht.

Die hermetische Traditionslinie, also die Deutung der überwiegend dem mythologischen *Hermes Trismegistos* zugeschriebenen naturphilosophischen und alchemistischen Texte, mündete um die Mitte des 16. Jahrhunderts in die Konzeption eines alten Weisheitswissens (*prisca sapientia*). Nun strebte die *magia naturalis* nach der Einsicht in die geheimen Kräfte des Alls und die inneren Prinzipien der Natur (Meier-Oeser 2001).

Die Schulphilosophie, zur Hauptsache aus dem Aristotelismus gespeist, verbreitete sich im 16. Jahrhundert auch rasch im protestantischen Norden. *Philipp Melanchthon* (1497–1560) verband ihn zwar mit den Ideen des Humanismus und der Reformation, beschränkte sich aber nach der Kritik von *Martin Luther* (1483–1546) auf aristotelische Dialektik und Rhetorik. Später wurden auch an protestantischen Universitäten, wie etwa in Tübingen, wo Kepler studierte, aristotelische Physik und Metaphysik gelehrt. Ebenso wurden im Protestantismus für kosmologische Begründungszusammenhänge zur Hauptsache modifizierte Lehren von Aristoteles erörtert. Derartige Disputationen sollten dazu verhelfen, die Vorbehalte der Reformatoren gegen die copernicanische Weltdeutung näher zu begründen.

Wenn auch in der frühen Neuzeit die copernicanische Weltsicht nur allmählich Zustimmung fand, kündigte sich darin doch ein neues wissenschaftliches Paradigma an. In naturphilosophischer Hinsicht war die Begründung der neuen Kosmologie zumeist mit einer Kritik an der geozentrischen Weltbeschreibung verbunden. Der entscheidende Schritt zur neuen Wissenschaft war die kritische Prüfung der Grundsätze der aristotelischen Naturphilosophie selbst, etwa die Kritik der Begründungsformen der Bewegungen von Köpern und ihrer Ursachen.

Eine unkritische Fortsetzung der scholastischen Naturphilosophie hätte die kosmologische Umwälzung im Jh. nach Copernicus nicht zugelassen – und erst recht nicht ihre tiefgreifende Weiterführung durch Kepler. In wissenschaftsgeschichtlicher Hinsicht ist deshalb die Annahme von «Vorläufern» des Copernicus auch kaum sinnvoll (Blumenberg 1965, 15f.). Positiv gewendet, mußte die fundierte Kritik am geozentrischen Weltbild bald zu anderen naturphilosophischen Prinzipien überleiten, um auch in einer veränderten Weltsicht die Idee der Einheit der Natur bewahren zu können.

Die radikalste Kritik am geschlossenen, geozentrischen Weltbild in der Zeit nach Copernicus ging von dem in hermetisch-platonischer Manier disputierenden *Giordano Bruno* aus, der auch die weitestgehenden Schlußfolgerungen aus der heliozentrischen Weltsicht zog.

Mit dem Brunoschen Postulat, ein endlicher Kosmos sei der unendlichen göttlichen Schöpferkraft und Güte unwürdig und daher müsse das Universum unendlich groß sein, kommt bereits das neue Seinsverständnis zum Ausdruck: eben die neue philosophisch-weltanschauliche Qualität der *copernicanischen Wende*. Sie ist am ehesten als Fanal einer neuen Epoche zu begreifen, in der dann auch Kepler wesentliche Elemente zum Fortschritt des wissenschaftlichen Wissens beigetragen hat. In dieser Weise haben wir es um 1600 mit einer Übergangszeit, mit einer Zeitenwende oder auch mit einer *Epochenschwelle* zu tun.[1]

Zu dieser Zeit wurden also wichtige Neuansätze einer strengeren Wissenschaftlichkeit entwickelt. Die konzeptionellen Überlegungen führten bereits zu einer quantitativ-mechanistischen Naturerklärung. In dem neuen Seinsverständnis wurde die Frage nach der Menge der Masse und nach der Größe der wirkenden Kräfte wichtiger als die nach dem Sein. Aber selbst jetzt, als sich mit *René Descartes* (1596–1650) eine programmatische Abkehr von älteren Traditionen in Wissenschaft und Philosophie vollzog, wurde mit dem Atomismus an eine weitere Idee der Antike – etwa bei Epikur und Lukrez – angeschlossen. Er wurde insbesondere von *Pierre Gassendi* (1592–1655) wiederbelebt. Damit konnte der für das spätere 17. Jahrhundert charakteristischen mechanistischen Naturauffassung vorübergehend eine ontologische Begründung gegeben werden.

Kepler hat sich in seinen Denkansätzen all diesen Einflüssen stellen müssen. Er hat sich darin nicht verstrickt, sondern ist zielstrebig seinen eigenen Weg gegangen.

2. Keplers Leben und Werk

2.1 Jugend und Studienjahre, geistige Prägungen

In der Charakterisierung seiner Jugend- und Studienjahre schreibt Kepler 1597 über sich selbst:

«Dieser Mensch ist unter dem Fatum geboren, seine Zeit meist mit schwierigen Dingen zu verbringen, vor denen andere zurückschrecken. Schon als Knabe machte er sich vor der Zeit an die Lehre von den Versmaßen. Er versuchte, Komödien zu schreiben… Auch nur ein wenig Zeit ungenützt verstreichen zu lassen war ihm unerträglich; entgegen einem starken Verlangen nach menschlicher Gesellschaft hielt er sich fern von ihr. In Geldsachen allzu zäh, im Wirtschaften hart, Kleinigkeiten kritisch nachgehend, alles Dinge, mit

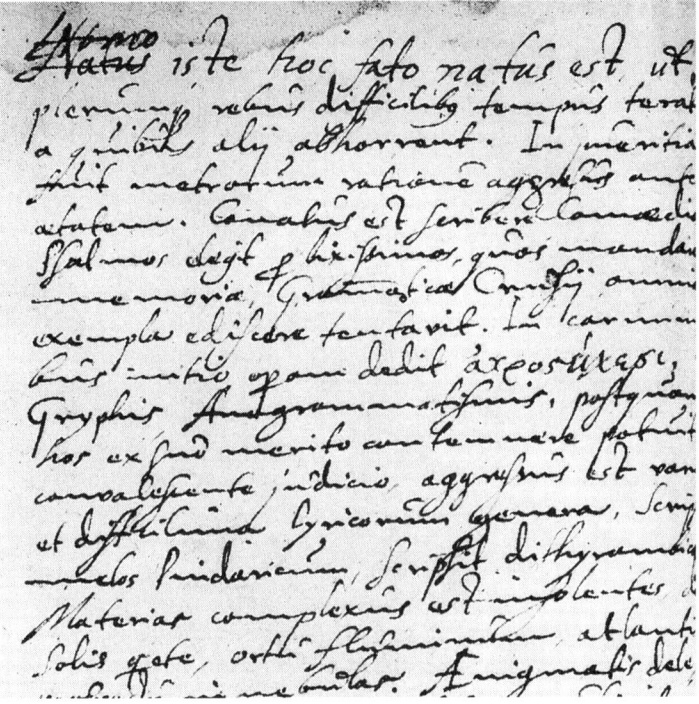

Abb. 1: Beginn der eigenhändig geschriebenen Selbstcharakteristik Keplers aus dem Jahr 1597: «Homo iste hoc fato natus est...» (Keine vollständige Übereinstimmung mit der deutschen Übersetzung)

denen Zeit vergeudet wird. Arbeit ist ihm indes ganz und gar zuwider, so sehr, daß allein die Wißbegier ihn dabei hält. Und doch sind es alles schöne Dinge, die er erstrebt hat, und in den meisten Fällen hat er die Wahrheit erfaßt.»

(KOO V, 476f.; übers. JKS, 16–18)

Der 26jährige Johannes, durch sein Erstlingswerk *Mysterium cosmographicum* soeben der Fachwelt bekannt geworden, schreibt hier sichtlich selbstbewußt über seine wissenschaftliche Neigung. Wißbegier, Nachdenken über schwierige Probleme, Wahrheitssuche haben bei ihm von früh an die höchste Rangordnung, obwohl er – wie er selbstkritisch schreibt – lange nicht auf die Stimme der Vernunft gehört hat.

Als wesentliche geistige Prägungen, die Johannes Kepler in seiner Kindheit und Jugend erfahren hat, sind die familiäre und heimatliche Umgebung offenbar von geringem Einfluß gewesen. Keplers Geburtsort Weylerstatt, das heutige Weil der Stadt bei Stuttgart in Württemberg, war seit dem 13. Jahrhundert eine Freie Reichsstadt, in der die konfessionellen Spannungen auch zu Keplers Zeit noch nicht vollständig abgeklungen waren. Die Bürger, katholischen Glaubens und überwiegend Gewerbetreibende, hatten kaum Sinn für geistige Dinge, für Künste und Wissenschaften. Noch das Geburtshaus Keplers zeigt diese biedermännische Bürgerlichkeit.

Kepler stammte aus einer zunächst gut situierten, dann aber verarmten Familie lutherischen Glaubens. In der väterlichen Linie siedelte sein Urgroßvater Sebald Kepler, von Beruf Kürschner, Anfang des 16. Jahrhunderts von Nürnberg nach Weil über, und sein Großvater Sebald übte hier lange Jahre bis 1578 das Amt des Bürgermeisters aus. Seine Mutter stammte aus dem Nachbarort Leonberg-Eltingen und war die Tochter des dortigen Bürgermeisters Guldenmann.

Johannes, Erstgeborener und nach eigenem Zeugnis ein Siebenmonatskind[2], wurde in der katholischen Pfarrkirche von Weil getauft. Er kränkelte häufig in der Kindheit, und die Blattern hinterließen eine Schädigung der Sehkraft, ohne ihn aber ernsthaft zu behindern, wie seine späteren astronomischen Beobachtungen mit und ohne Fernrohr belegen. Bedingt durch den unsteten Beruf seines Vaters Heinrich als Söldner und durch die wechselnden Einkommensverhältnisse, verlief seine Kindheit äußerst unruhig. Kepler schreibt später über seinen Vater, dieser sei ein lasterhafter, händelsüchtiger Soldat gewesen.

Umso mehr wurde Johannes in jungen Jahren von seiner Mutter Katharina geprägt. Sie neigte dem Okkulten zu, bereitete Salben und glaubte an magische Kräfte. Johannes bezeichnete sie später als schwatzhaft und streitsüchtig, aber auch als wißbegierig und interessiert an ihrer Welt. Dem knapp sechsjährigen Knaben zeigte sie den großen Kometen von 1577, der zur selben Zeit von dem 31jährigen Astronomen *Tycho Brahe* (1546–1601) auf der dänischen Insel Hven beobachtet wurde.

Es lag wohl in erster Linie an den genannten Charakterzügen und Neigungen Katharinas und ihrer im kleinstädtischen Leben nicht geduldeten Nonkonformität, daß sie später als Hexe verleumdet und

Abb. 2: Keplers Geburtshaus in Weil der Stadt (das Fachwerkhaus), heute Museum der Kepler-Gesellschaft

angeklagt wurde. Nur durch das mutige Eingreifen ihres auch in der alten Heimat längst berühmt gewordenen Sohnes in den Prozeß der Jahre 1620/21 wurde sie vor Schuldspruch und Hinrichtung bewahrt. Zweifellos war es die prägende Gestalt der Mutter, die ihm ein Grundvertrauen in die Welt auf seinen Lebensweg mitgegeben hat.

Für die weitere Entwicklung erwies sich das gute Schulsystem in Württemberg als ein besonders günstiger Umstand. Nach der Reformation waren hier die katholischen Einrichtungen übernommen und für Begabte geöffnet worden, die – wie dann auch Kepler – bei Bedürftigkeit durch Stipendien unterstützt wurden. Frühzeitig wurde das Lateinische eingeübt, sollte doch der Nachwuchs für das geistliche Amt und für den Dienst in der Landesverwaltung herangezogen werden. Dementsprechend heißt es in den das Lateinsprechen betreffenden Vorschriften der Lateinschule in den entsprechenden lateinischen und deutschen Versen (Reitlinger 1868, 52):

«Latinum semper loquere aptum namque facit
Ex hoc sermo quilibet loquendo pronus erit.»

«Du solt stet reden Latein/
Wenn es ist bequem den Sinnen dein/
Wenn Latein reden mit stetigkeit/
Wirt ein itzliche Rede zu sprechen bereit.»

Nach dem Besuch der Lateinschule in Leonberg und der weiterbildenden Klosterschulen von Adelberg und Maulbronn begann Kepler als Stipendiat des Herzogs von Württemberg an der Universität Tübingen mit dem Studium der lutherischen Theologie, das auf drei Jahre angesetzt war, dem aber – wie zu dieser Zeit nach mittelalterlicher Universitätstradition noch üblich – ein zweijähriges Studium in der Artistenfakultät vorangig. Hier erhielten die Studierenden in den *artes liberales* unabhängig von ihrer Hauptstudienrichtung eine universelle sprachlich-philosophische und mathematische Ausbildung, darunter auch in Astronomie und Musiktheorie.

Die Universität Tübingen erlebte in den Jahren 1599–1630 ihre erste große Blüte. Zu dieser Zeit bildete sie das süddeutsche Zentrum der orthodoxen lutherischen Theologie mit einem Einfluß weit über die Württembergischen Grenzen hinaus. Charakteristisch für diese altprotestantische Orthodoxie, deren Grundlage das *Konkordienbuch*, die von *Jakob Andreae* mitverfaßte Zusammenstellung der lutherischen Bekenntnisschriften, darstellte, ist die exakte und detailreiche Reflexion in der Tradition des strengen systematischen Denkens aristotelischer Provenienz. Dabei kam es oft zu einseitigen und unduldsamen Lehrmeinungen gegenüber anderen konfessionellen

Richtungen. Im Verlauf seines späteren Theologiestudiums fühlte sich Kepler von den Streitigkeiten zwischen den Theologen und von der unversöhnlichen Dogmatik gleichermaßen abgestoßen.

In der Artistenfakultät studierte er bei Martin Crusius Griechisch, bei Georg Weigenmaier Hebräisch, bei Erhard Cellius Poesie und Rhetorik, bei Vitus Müller Ethik und aristotelische Philosophie, bei Andreas Planer, einem Schüler von Jacob Schegk, aristotelische Naturphilosophie. Von den Schriften des Aristoteles hat Kepler die *Analytica posteriora* und die acht Bücher der *Physica* eingehend studiert sowie über das vierte Buch der *Meteorologica*, das von den wirkenden Kräften der Elemente handelt, eine eigene Disputation angefertigt. Obwohl von Kepler nicht ausdrücklich erwähnt, hat er sich in Tübingen auch mit den Grundlagen der pythagoreischen und platonischen Philosophie vertraut gemacht. Dazu gehörten auch Lehransichten von Cusanus. Die mit dem Namen des Pythagoras verbundene Sphärenmusik mußte die Phantasie des jungen Kepler beflügeln.

Besonders eifrig wurden von den Studenten die *Exercitationes exotericae* des italienischen Aristotelikers *Julius Caesar Scaliger* (1484–1558) gelesen. Dieses als Entgegnung auf die naturphilosophische Schrift *De Subtilitate* von Hieronymus Cardano 1550 geschriebene und erstmals 1557 veröffentlichte Werk enthielt auf rund 1200 Seiten 365 geistige Übungen über Fragen der «leicht faßlichen philosophischen Wissenschaften», die den Studierenden in dieser Form eines umfassenden Kompendiums sonst nicht angeboten wurden. Auch Kepler wurde von der Vielfalt der erörterten Fragen angezogen und zeigte sich später noch von Scaligers Hypothese der bewegenden Intelligenzien beeinflußt.

Keplers wichtigster Lehrer in Mathematik und Astronomie war *Michael Mästlin* (1559–1631), mit dem ihn auch später eine freundschaftliche Beziehung verband. Bei Mästlin hörte er Vorlesungen über die *Elemente* des Euklid und über die Astronomie von Ptolemaios und Regiomontan. Vor allem aber wurde Kepler erstmals mit dem Werk des Copernicus bekannt. Allerdings durften diese Lehren wegen ihrer angeblichen Unvereinbarkeit mit bestimmten Bibelstellen auch im protestantischen Tübingen nicht öffentlich vertreten werden.

Nach der Magisterpromotion in der Artistenfakultät war Kepler berechtigt, sich an den akademischen Disputationen aktiv zu beteiligen. Dazu ist hier einzufügen, daß an der mittelalterlichen Universität die Disputation als akademische Form der wissenschaftlichen Auseinandersetzung gepflegt wurde. Die im 13. Jahrhundert von *Thomas von Aquin* benutzten *quaestiones disputatae* wurden in abgeschwächter Form noch bis zur frühen Neuzeit an den Universitäten, so auch in Tübingen, beibehalten. Die Abhaltung von Disputationen gehörte zu den Vorrechten der Magister; sie wurden in zwei Teilen ausgeführt. Für das Jahr 1593 ist das Fragment eines schriftlich fixierten Ergebnisses einer Disputation überliefert (KGW XX.1, 147–149), in dem Kepler die Lehren des Copernicus verteidigt und unter Hinzuziehung neuplatonischer Gedanken die Sonne als Regentin der Planetenbewegung lobpreist.

Über seine Studien in Tübingen heißt es in den Selbstzeugnissen:

«Vor allen anderen Studien liebte er die mathematischen. In der Philosophie las er den Aristotelestext selbst, verfaßte Quaestiones zur *Physik*, die *Ethik* überging er so ziemlich, ebenso die *Topika*, um dafür die *Analytica posteriora* vorzunehmen. Aber hier gefiel ihm Planer. In der *Physik* war er voller Bewunderung für Scaliger. In das vierte Buch der *Meteora* vertiefte er sich hauptsächlich durch Disputieren. In der Theologie befaßte er sich gleich zu Anfang mit der Prädestination und verfiel auf Luthers Meinung vom unfreien Willen.» (KOO V, 476f.; JKS, 17)

Hatte sich Kepler durch sein bisheriges eifriges Studium bereits wesentliche Grundlagen für das wissenschaftliche Arbeiten erworben, so mußte er sich, wie schon aus dem Zitat hervorgeht, in seinem Hauptstudienfach, in dem er den Doktor der Theologie anstrebte, mit unterschiedlichen Lehrmeinungen vertraut machen. Sein wichtigster Lehrer war hier *Matthias Hafenreffer* (1569–1619), mit dem Kepler trotz theologischer Meinungsunterschiede lange Jahre hindurch freundschaftlich verbunden war. In Anbetracht der scharfsinnig ausgefochtenen Dispute in der theologischen Fakultät verspürte Kepler, der zwar der lutherischen Konfession angehörte, in der Abendmahlslehre aber eher der calvinistischen Auffassung zuneigte, eine unbefriedigende Dogmatisierung. Durch die Bibelkommentare des Wittenberger Theologen Aegidius Hunnius gewann er bald größere Klarheit als durch die Lehrveranstaltungen seiner Tübinger Lehrer.

Für Keplers eigenes theologisches Denken stellten die Heilige

Schrift und die alte Kirche die wesentlichen Bezugsgrößen dar. Da so gesehen die neuen Ausprägungen in der konfessionellen Vielfalt für ihn letztlich keine bindende Autorität besaßen, konnte er in humanistischem Geist das kirchenpolitische Ziel der Konfessionen nur in der Wiedervereinigung der geteilten Kirche erkennen. Denn schließlich – so argumentierte er – partizipierten doch alle christlichen Konfessionen an der einen unteilbaren Wahrheit (Hübner 1975). Auf dieser Überzeugung, die vor allem mit seinen theologischen Erfahrungen während seines Studiums zusammenhingen, gründete letztlich Keplers irenische Gesinnung. Konsequenterweise hat er in seinen theologischen Schriften weniger bestimmte Lehrmeinungen erörtert, als vielmehr den eigenen Standpunkt gegenüber der Intoleranz seiner Glaubensfreunde bekräftigt. Derartige Gegensätze in Glaubensfragen führten schließlich im Jahr 1612 zu seinem Ausschluß vom Abendmahl durch Daniel Hitzler, den Pastor der lutherischen Gemeinde in Linz. Kepler sah sich in die nichtgewollte Position der Verteidigung seines Glaubens gedrängt. Dementsprechend stehen am Beschluß seines *Glaubensbekenntnisses* aus dem Jahr 1623 die Worte:

«Demnach nun ich in dieser Schrift meine Bekandtnuß gethan, in welcher nichts nicht zufinden, das dem rechten uralten Apostolischen Catholischen Glauben nach der Augspurgischen Confession zuwider: also versehe ich mich zu allen unnd jeden frommen Evangelischen Christen, sie werden mich der eingeführten schweren Aufflagen halben nach vernehmung meiner Gründlichen entschuldigung günstiglich entheben.» (KGW XII, 37)

Kepler brach im Jahr 1594 sein Theologiestudium in Tübingen ab, allerdings nicht ganz freiwillig. Als er im März 1594 als Mathematikprofessor an die evangelische Landschaftsschule nach Graz berufen wurde, trennte sich die Fakultät nicht ungern von dem zwar äußerst talentierten, doch in Religionsfragen eigenwilligen Magister. Kepler aber konnte bald an seinen früheren Lehrer Mästlin schreiben «Ich wollte Theologe werden; lange war ich in Unruhe. Nun aber seht, wie Gott durch mein Bemühen auch in der Astronomie gefeiert wird» (KGW XIII, 40).

2.2 Wirkungsstätten und Umfeld; Korrespondenz und wichtigste Werke

Kepler trat im Mai 1594 als Nachfolger des 1593 verstorbenen Mathematikers Georg Stadius das Amt des Landschaftsmathematikers in Graz an und begann an der evangelischen Stiftsschule vor wenigen Schülern mit dem Unterricht in Mathematik. Noch ahnte er nichts von der entscheidenden Weichenstellung in seinem Leben; noch meinte er, bald zur Theologie und nach Tübingen zurückkehren zu können.

Die 1574 eröffnete Stiftsschule, eine höhere Bildungsstätte (Gymnasium) des Protestantismus in einer katholischen Umgebung, stand allein den Söhnen des steierischen Herren- und Ritterstandes offen. Der Unterricht folgte dem von Philipp Melanchthon für Wittenberg ausgearbeiteten Lehrplan. Dadurch stand nicht mehr das humanistische Bildungsideal eines auf das diesseitige Leben ausgerichteten literarisch-philosophischen Unterrichts im Mittelpunkt. Vielmehr wurde nun die Betonung auf die religiöse Unterweisung im Sinne der Augsburger Konfession gelegt und das Ideal eines frommen Lebenswandels propagiert (Tremel 1975). So waren evangelische Theologie und Apologetik wichtige Grundlagen des Unterrichts, während die mathematischen Fächer wenig gefördert wurden. Dementsprechend fand Keplers Unterricht in der obersten Klasse, der *publica classis*, nur geringe Resonanz. Um mehr Hörer zu bekommen, mußte er weitere Lehrveranstaltungen in Rhetorik, später auch in Geschichte und Ethik, für die oberen Klassen übernehmen. Zu dieser Zeit besaß Kepler kaum eigene Bücher. Umso eifriger nutzte er daher die Bibliothek der Stiftsschule, die mit Werken philosophischen, theologischen, geschichtlichen und geographischen Inhalts reich ausgestattet war.

Von den Kollegen an der Stiftsschule waren dem jungen Lehrer besonders *Johannes Papius*, Rektor bis Ende 1594, zudem Theologe, Mediziner und Exeget der aristotelischen Logik, sowie Stiftspastor *Wilhelm Zimmermann* freundschaftlich verbunden, noch über die Grazer Zeit hinaus. Im Gegensatz dazu hatte er es in administeriellen Dingen mit einer unbeweglichen, oft engstirnigen Haltung bei seinen Vorgesetzten zu tun.

Die andere höhere Bildungsstätte in Graz war das Jesuitenkollegium, aus dem dann die Universität hervorging. Anders als die meisten seiner Kollegen pflegte Kepler auch zu Angehörigen der Jesuitenakademie freundschaftliche Kontakte. Zu den Gesprächspartnern gehörte der Kanzler, Pater *Johannes Deckers* (1569–1619), der wie Kepler an chronologischen Fragen interessiert war und über das Geburtsjahr Christi arbeitete (Andritsch 1975). Noch in späteren Jahren korrespondierte er über dieses bedeutende chronologische Thema mit Deckers. In Auszügen wurde diese Korrespondenz in seine 1615 gedruckte «Chronologische Sammlung» *Eclogae chronicae* aufgenommen (KGW V, 322ff.).

Ein anderer Jesuitenpater, der in Graz, später in Rom tätige Christoph Grienberger, machte in München den Kanzler des bayerischen Herzogs, *Hans Georg Herwart von Hohenburg* (1553–1622), als dieser sich zunehmend mit chronologischen Fragen auseinandersetzte, auf Kepler aufmerksam. Aus diesem Kontakt entwickelte sich ab 1597 eine langjährige, für Kepler überaus förderliche freundschaftliche Korrespondenz. Derartige Kontakte mit Persönlichkeiten des katholischen Glaubens konnten seine tolerante Einstellung in den konfessionellen Streitigkeiten der Zeit weiter vertiefen.

Um diese Zeit ist Kepler in Graz heimisch geworden. Am 27. April 1597 heiratete er die zweimal verwitwete *Barbara Müller* (1573–1611), Tochter eines Mühlenbesitzers vom Gut Mühleck bei Gössendorf in Oberösterreich. Von den fünf Kindern dieser Ehe überlebten ihn *Susanna* (1602 bis nach 1670) und *Ludwig* (1607–1663). Barbara brachte aus erster Ehe ihre Tochter *Regina* mit, die 1608 *Philipp Ehem* aus einem hochgestellten Augsburger Geschlecht heiratete.

In den ersten Jahren in Graz hatte sich Kepler mit seinen *Jahreskalendern*, deren Abfassung zu den Pflichten des Landschaftsmathematikers gehörte, bekannt gemacht. Sie erschienen meistens in Verbindung mit einem *Prognosticum* oder einer *Practica* am Ende des alten Jahres. Darin fanden vor allem seine Voraussagen über Witterung und politische Ereignisse Anklang. Ebenso waren die von ihm berechneten – allerdings kaum gedeuteten – Geburtshoroskope (Nativitäten) in Adelskreisen begehrt.

Was aber seiner Grazer Zeit besonderen Glanz verlieh, war der für seine Zeit geniale kosmologische Entwurf eines Weltenbaues in pythagoreisch-platonischer Tradition. In seiner frühen Kosmologie gelangt er bei der Frage nach den Ursachen für die Anzahl, Anordnung und Größe der Planetenbahnen zu der Vorstellung eines Mo-

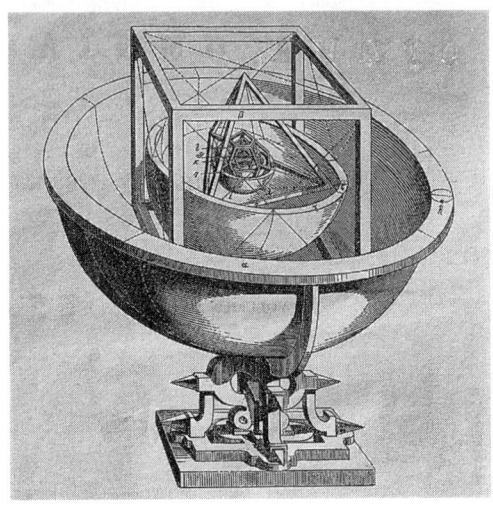

Abb. 3: Modellvorstellung des Planetensystems mittels der fünf regulären Körper, aus: Mysterium Cosmographicum (1596).

dells, bei dem in die Zwischenräume der damals sechs bekannten Planeten sich gerade die fünf Platonischen Körper einschalten lassen (*Abb. 3*). Das sind jene regulären Polyeder, von denen jeder von je gleichen, unter sich kongruenten Vielecken begrenzt ist. Dieses erste bedeutende Werk Keplers wurde unter dem Titel *Mysterium Cosmographicum* mit Mästlins Hilfe im Jahr 1596 in Tübingen veröffentlicht. Im ersten Kapitel mußte Kepler nach Einwänden des Senats der Tübinger Universität einen Passus weglassen, in dem er die Verträglichkeit der copernicanischen Lehre mit der Heiligen Schrift dargelegt hatte. Gleichwohl bekennt er sich auch an anderer Stelle seines Jugendwerkes deutlich zur copernicanischen Astronomie, wenn er über Copernicus schreibt:

«Mein Glaube an ihn wurde zuerst durch die schöne Übereinstimmung erweckt, die zwischen allen Himmelserscheinungen und den Anschauungen des Copernicus besteht. [...] Ein noch viel größerer Vorzug aber liegt darin, daß Copernicus allein das, was andere anzustaunen lehren, aufs schönste begründet und so die Ursache des Staunens, d.i. die Unkenntnis der Ursachen behebt.» (KGW I, S. 14f.)

Bereits mit seinem Erstlingswerk wurde Kepler der astronomischen Fachwelt bekannt. Galilei in Padua gab sich ebenfalls als Copernicaner zu erkennen und beglückwünschte Kepler, in ihm einen Freund der Wahrheit gefunden zu haben. Der Jenaer Mathematiker Georg Limnäus feierte ihn gar als Wiedererwecker der platonischen Weltschau (KGW XIII, 207).

Von noch größerer Tragweite erwies sich bald der Kontakt zu dem damals bedeutendsten europäischen Astronomen Tycho Brahe, der Keplers Grundidee lobte, die Entfernungen und Umläufe der Planeten mit den symmetrischen Eigenschaften der regulären Körper in Verbindung zu bringen. Sein Lob verband Brahe als hervorragender astronomischer Beobachter mit der Mahnung, es nicht bei einer Astronomie a priori bewenden zu lassen, sondern sie a posteriori – auf der Grundlage von Beobachtungen – zu verbessern. Diesen berechtigten Einwand hat Kepler sorgfältig beachtet und sich zu eigen gemacht. Für ihn mußte es in den weiteren Forschungen darum gehen, die auf spekulativem Wege entworfene Kosmologie durch Beobachtungsdaten abzusichern und sich so in methodischer Hinsicht von einer mehr auf die Empirie bezogenen Erkenntnistheorie leiten zu lassen.

Dabei hatte Kepler bereits selbst astronomische Beobachtungen ausgeführt. Schon als junger Student hatte er bei Mästlin an astronomischen Beobachtungen teilgenommen und dann in Graz von November 1594 bis Mai 1599, mit einer Unterbrechung im Jahr 1596 und in der ersten Jahreshälfte 1597, selbst beobachtet (KGW XXI.1, 235–241). Freilich konnten seine eigenen Beobachtungen höheren Genauigkeitsansprüchen nicht genügen; dazu war sein Instrumentarium zu bescheiden. Jedoch trifft die in der Kepler-Literatur verbreitete Ansicht, er hätte wegen seiner Kurzsichtigkeit keine Beobachtungen machen können, in dieser Strenge nicht zu.

Zweifellos war durch die Herausgabe des *Mysterium Cosmographicum* Keplers Selbstbewußtsein gefestigt. Wohl kaum zufällig hat er erstmals am 22. August 1596, also gerade zu dem Zeitpunkt, als das Werk unter Mästlins Aufsicht in Tübingen in Druck gehen konnte, einen Stammbucheintrag vorgenommen, in dem der erste Vers aus den Satiren des *Persius* (1. Jh.) zitiert wird; dieser blieb fortan sein Wahlspruch. Der Vers lautet:

«O curas hominum,
  o quantum est in rebus inane.»
(KGW XIX, 325)

in deutscher Übersetzung

«Ach die Sorgen der Menschen,
wieviel Nichtiges ist in den Dingen.»

In Graz begann Kepler auch mit neuartigen Methoden der Beobachtungen. So diente sein Ekliptikinstrument der Beobachtung der Sonnenfinsternis am 10. Juli 1600 (*Abb. 4*).

Die Konstruktion des Instruments folgt dem tradierten Kameraprinzip mit Projektion des Bildes auf einen Schirm, wird aber von Kepler in origineller Weise erweitert und vervollkommnet. So ist die Achse des Instruments im Horizontsystem schwenkbar (KGW II, 288ff.). Seine Ausführungen zur Theorie der *camera obscura* sind eine wesentliche Grundlage seiner astronomischen Optik von 1604. Auch später benutzte Kepler das Instrument, so bei der Beobachtung der Sonnenfinsternis am 10. August 1608 in Prag.

Zu Anfang des Jahres 1600 nahm Kepler, der sich wegen der beginnenden Rekatholisierung der Steiermark nach einem neuen Wirkungskreis umsehen mußte, eine Einladung Brahes nach Prag an. Während seines fünfmonatigen Aufenthalts kam es zu einer ersten, nicht immer spannungsfreien Zusammenarbeit. Bereits zu dieser Zeit dachte Kepler daran, seine kosmologischen Überlegungen in eine empirisch fundierte Weltharmonik zu überführen, zumal Brahe über genaue Planetenbeobachtungen verfügte. In Prag übernahm er jedoch als erste große Arbeit die Analyse der stark exzentrischen Bewegung des Planeten Mars. Daraus erwuchs dann im Lauf der Jahre eine Theorie der Planetenbewegung, die die theoretische Astronomie auf eine neue Grundlage stellte. Nach der Ausweisung aus Graz übersiedelte Kepler mit seiner Familie im Oktober 1600 nach Prag. Damit wurden seine Lebensumstände ein weiteres Mal entscheidend verändert. Nach der kleinbürgerlichen Enge der Provinzstadt begann in der kaiserlichen Metropole Keplers bedeutendster Lebensabschnitt.

Um 1600 war Prag nicht nur das politische, sondern auch das künstlerische und wissenschaftliche Zentrum Mitteleuropas. Nach-

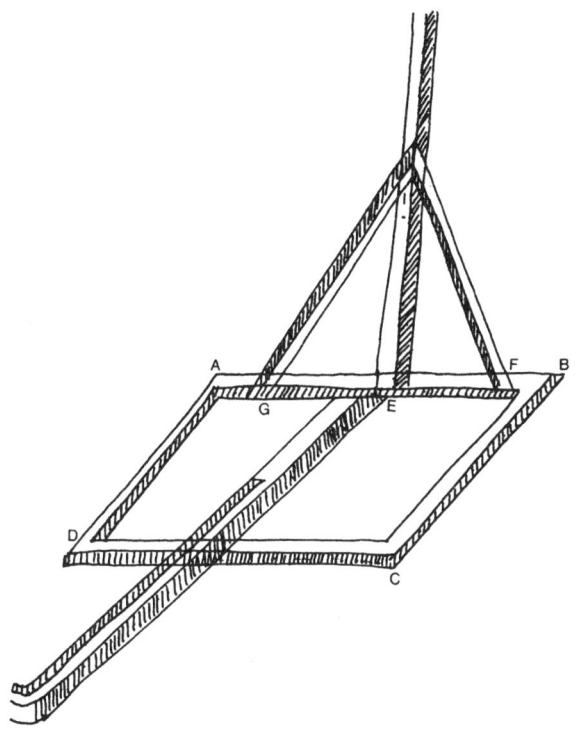

Abb. 4: Handskizze des Ekliptikinstruments (KGW XXI.1, 244).

dem der vielseitig interessierte Kaiser Rudolph II. im Jahr 1583 seine Residenz in die Moldaustadt verlegt hatte, kamen bedeutende Künstler und Gelehrte nach Prag, die sich vom Kaiserlichen Hof künstlerische Impulse und vor allem finanzielle Förderung erhofften (Horský 1988).

Das wissenschaftliche Interesse des Kaisers richtete sich vor allem auf die hermetische Tradition. Die Hermetik, magisch-mantische, auf den altägyptischen Gott der Schrift und der Gelehrsamkeit *Hermes Trismegistos* zurückgeführte Anschauungen, die um spätere pseudo-hermetische Texte ergänzt wurden, waren von erheblichem Einfluß auf Philosophie und Weltanschauung der Renaissance. In einem komplexen Denkansatz verbanden sich Ideen über die Einheit der Natur und über den kosmischen Einfluß der Gestirne auf die Welt des Menschen in der Makrokosmos-Mikrokosmoslehre mit Auslegungen der biblischen Offenbarung.

Mittelpunkt des Prager Gelehrtenkreises im späten 16. Jh. war der tschechische Gelehrte *Tadeáś Hájek* (Taddeus Hagecius, ca. 1526–1600), der, Astronom, Mathematiker, Botaniker und Arzt zugleich, den Ruf eines bedeutenden Polyhistors besaß. Bei der Kaiserkrönung Rudolphs im Jahr 1576 begegnete Hájek dem knapp 30jährigen Tycho Brahe, Sohn einer einflußreichen skandinavischen Adelsfamilie, dem er eine Abschrift des *Commentariolus*, eines kleinen astronomischen Traktats von Copernicus mit der ersten Skizzierung des neuen Weltsystems, zum Geschenk machte. Die Regensburger Begegnung war mitentscheidend für die weitere Ausprägung des Prager Gelehrtenkreises. Hájek war auch maßgeblich an der Berufung Brahes als Hofastronom nach Prag beteiligt (Horský 1988, 70).

Die Förderung der Astronomie, damit auch der Astrologie und der Alchemie, stand fortan in der besonderen Gunst des Kaisers. Obwohl der finanzielle Anreiz am Ende doch gering war, fühlten sich zahlreiche Künstler, Gelehrte und Mechaniker von Rang vom intellektuellen Milieu und der religiösen Toleranz am Hofe angezogen. Persönlichkeiten der verschiedenen Konfessionen kamen hier zusammen. Aber auch solche aus der Prager Judenstadt, wie der berühmte Religionsphilosoph, Pädagoge und Mystiker *Rabbi Löw* und der Astronom und Geograph *David Gans*, trugen zur Blüte des geistigen Lebens bei. Dagegen spielten die beiden Universitäten, das bereits 1348 von Karl IV. gegründete, nun utraquistisch-hussitische Carolinum und das erst 1585 von den Jesuiten gegründete Clementinum, eine eher untergeordnete Rolle.

Kepler war also zu einem günstigen Zeitpunkt nach Prag gekommen; schon bald, ehe er sich in der neuen Umgebung recht eingelebt hatte, nahm sein Leben eine unerwartete Wendung: Am 24. Oktober 1601 starb Tycho Brahe; Kepler war in der Todesstunde zugegen. Nur wenige Tage später wurde er zum Kaiserlichen Mathematiker ernannt. Trauer um den Tod des berühmten Gelehrten wie auch die Hoffnung, im Sinne des verpflichtenden Erbes seine eigenen Arbeiten weiterführen zu können, bestimmen die bewegenden Gedanken Keplers in seiner Elegie über Tycho Brahe:

«Wie ein Steinchen, geworfen in unbewegtes Gewässer,
erste Bewegung bewirkt und einen wogenden Kreis,
der sich weitet im Raum und gewinnt in der Weiterung Kräfte,
bis er am Ende ringsum alle die Ufer berührt,
anders nicht breitet sich Trauer, die ihren Ursprung genommen
von der Stadt Prag, gegen Ost und gegen West hin aus,
durch die Reiche und Völker in immer weiterem Umkreis...
Von Urania künden die fruchtbare Ceres und Bacchus,
Faune in Bocksgestalt und der arkadische Gott...
Soviel gab sie, die Reiche, zum Lohne dem, der ihr diente;
glaubt mir, sie hat noch nicht all ihre Schätze verstreut;
unerschöpflichen Reichtum bewahrt sie in üppigem Schoße,
spendet immer neue Gaben dem Fleiß, der sie ehrt.»

(NK 8, 21 u. 25)

Am Hofe hatte Kepler als Kaiserlicher Mathematiker nun Rudolph II. in astronomischen und astrologischen Fragen zu beraten und dem gebildeten *Johannes Pistorius*, dem Prälaten und Beichtvater des Kaisers, regelmäßig über seine Tätigkeit Bericht zu geben. Bei derartigen Gelegenheiten lernte er weitere hochstehende Hofbeamte näher kennen, von denen ihm einige bald recht gewogen waren. Zu ihnen gehörten die Kaiserlichen Räte *Johann Friedrich Hoffmann*, Wortführer der protestantischen Partei in der Steiermark, der zum Katholizismus konvertierte *Johannes Barwitz*, der sich um die Förderung der Wissenschaften verdient machte, und *Matthäus Wackher von Wackenfels*, der ein lebhaftes Interesse an Keplers Arbeiten zeigte und bald zu den engeren Freunden in Prag zählte.

Als Verwalter des wissenschaftlichen Erbes von Brahe konnte Kepler die wertvollen Beobachtungsjournale auswerten; er mußte sie für die Fortsetzung der Arbeiten gegen die Ansprüche der Erben Brahes sicherstellen. Besonders das Verhältnis zu Brahes Schwiegersohn Franz Gansneb Tengnagel erwies sich als schwierig.

Auf der empirischen Grundlage von Brahes Planetenbeobachtungen, insbesondere der Marsbeobachtungen der Jahre 1589–1600, entstand Keplers astronomisches Hauptwerk *Astronomia Nova* (1609); später konnte er aus den Braheschen Beobachtungen auch die wichtigsten Tabellen der *Tabulae Rudolphinae* berechnen. Das Werk von 1609 enthält die Grundlegung einer neuen Theorie der Planetenbewegung. Zum ersten Mal in der Geschichte der Astronomie wird hier eine einheitliche, für alle Planeten gleichermaßen gültige Theorie der Planetenbewegung ausgearbeitet, mit dem Kern der ersten zwei – erst seit dem 18. Jahrhundert so bezeichneten – *Keplerschen Gesetze*. Indem Kepler zur Darstellung der ungleichförmigen elliptischen Bahnbewegung der Planeten gelangt, bricht er mit dem antiken, noch von Copernicus eingehaltenen Doppelaxiom von der Kreisbewegung und der Gleichförmigkeit der Bewegung der Himmelskörper. In Hinblick auf seine dynamische Bewegungslehre, die er weitgehend noch spekulativ erschlossen hat, schreibt er über die Begründung der neuen Astronomie aus der Physik in einem Brief an Longomontan 1605:

«In den letzten fünf Jahren habe ich mindestens die Hälfte der Zeit, die mir übrig blieb, auf physikalische Betrachtungen über die Bewegungen des Mars verwendet. Ich halte dafür, daß die beiden Wissenschaften [Astronomie und Physik] so miteinander verflochten sind, daß keine ohne die andere zur Vollkommenheit gelangen kann.» (KGW XV, 137)

Wichtige methodologische Überlegungen der neuen Astronomie waren von einem erkenntnistheoretischen Realismus bestimmt; Kepler hielt sie bereits in den ersten Monaten seiner Prager Zeit in einer Auftragsarbeit für Tycho Brahe über das Wesen einer astronomischen Hypothese, der *Apologia*, fest. Eine Hypothese ist für Kepler, anders als für viele seiner Fachkollegen, keine bloße mathematische Fiktion; sie muß vielmehr mit der Natur der Dinge selbst, d.h. mit der physikalischen Realität, übereinstimmen. In der Auseinandersetzung mit spätmittelalterlichen naturphilosophischen Anschauungen der aristotelischen Tradition, im Anschluß an die Magnetismus-Lehre von William Gilbert sowie aus der Rezeption neuplatonischer Vorstellungen über die Wirkung des Sonnenlichts erarbeitete er sich eine eigene Begrifflichkeit wirkender Kräfte im Sonnensystem. So gelangte er zu seiner *Physik des Himmels*, die als eine frühe Form der Himmelsmechanik vor Newton zu verstehen ist.

Infolge ihrer schwierigen Diktion blieb die *Astronomia Nova* weitgehend unverstanden und erreichte bei den meisten seiner Zeitgenossen keinen Widerhall, mehrte aber infolge der Präzision der auf der neuen Planetenastronomie basierenden Rechnungen seinen Ruhm beträchtlich.

Weitere bedeutende Werke der Prager Zeit waren *Astronomiae pars optica* (Astronomische Optik; 1604) und *Dioptrice* (1611). Die «Astronomische Optik» gehört zu den bedeutendsten Keplerschen Werken. Während er die eigentliche astronomische Optik mit der Theorie der Finsternisse im zweiten Teil behandelt, erörtert er im ersten Teil, *Paralipomena in Vitellionem*, den «Nachträgen» zur 1535 erstmals gedruckten «Perspectiva» des Naturphilosophen und Mathematikers *Witelo* (ca. 1239–1275), einige grundlegende Fragen der Optik, wie die Natur des Lichtes und die Lichtbrechung beim Durchgang durch verschiedene Medien. Er erkennt das Grundgesetz der Fotometrie und entwickelt in den Grundzügen die noch heute gültige Theorie des Sehens.

Zu dieser Zeit war Kepler ganz vom Fortschrittsoptimismus der Wissenschaft erfüllt. In dem Bewußtsein einer sich neu formierenden Gemeinschaft begeisterter Naturforscher schreibt Kepler in dem Widmungsschreiben seiner astronomischen Optik an den Kaiser:

«Unerschöpflich ist der Schatz der Geheimnisse der Natur, einen unbeschreiblichen Reichtum stellt er dar, und wer auf diesem Gebiet etwas Neues ans Licht bringt, leistet nichts anderes, als daß er anderen den Weg zu neuen Forschungen eröffnet.» (KGW II, 8)

Die zweite, gleichfalls axiomatisch aufgebaute Abhandlung zur Optik behandelt mit der Dioptrik eine neue optische Disziplin: die Optik der brechenden Medien. In diesem Werk nähert sich Kepler bereits der heute gültigen Formulierung des Brechungsgesetzes an und legt als erster die Theorie des holländischen Fernrohres und weiterer zusammengesetzter Linsensysteme vor, darunter des astronomischen – später so genannten Keplerschen – Fernrohrs.

Einen Hinweis auf die Konstruktion von optischen Linsensystemen fand Kepler, möglicherweise auch Galilei, in dem umfangreichen Werk *Magia naturalis* des neapolitanischen Naturphilosophen und Chemikers *Giambattista della Porta* (1535–1615). Der Anstoß zur Abfassung der *Dioptrice* war von Galilei ausgegangen, der mit einem selbstkonstruierten Fernrohr neuartige astronomische Himmelsbeobachtungen gemacht hatte. Indem er das Teleskop überhaupt als erster auf den gestirnten Himmel richtete, registrierte er die gebirgige Mondoberfläche und die Phasen der Venus und entdeckte die vier großen Jupitermonde, die er nach dem Florentiner Geschlecht de' Medici die «Mediceischen Sterne» nannte.

Ohne vorerst diese Beobachtungen nachprüfen zu können, gratulierte Kepler Galilei zu diesen Entdeckungen, die von beiden Gelehrten gleichermaßen als empirische Widerlegung der aristotelischen Kosmologie verstanden wurden. Seinen italienischen Fachkollegen paraphrasierend, feiert Kepler diese Beobachtungen mit den Worten: «Ich sehe da grandiose Wunderwerke der Philosophie und der Astronomie dargeboten ...; nun sind alle Liebhaber wahrer Philosophie dazu aufgerufen, selber weitreichende Beobachtungen anzustellen» (KGW IV, 289).

Keplers eigene teleskopische Beobachtungen der Jupitermonde sind vom 28. August bis zum 9. September 1610 datiert. Nach der überschwenglichen Zustimmung zu den Entdeckungen Galileis vom Mai 1610 mußte sich Kepler selbst durch Augenschein von der Richtigkeit der Beobachtungen überzeugen. Galilei wollte oder konnte Kepler kein Fernrohr überlassen; so wurde dem Kaiserlichen Mathematiker erst Monate später durch das Entgegenkommen des Kurfürsten Ernst von Köln, der gerade in Prag am Kurfürstentag teilnahm, ein Galileisches Fernrohr für kurze Zeit zur Verfügung gestellt. Mit Unterstützung seines Gehilfen Benjamin Ursinus konnte Kepler endlich die veränderliche Stellung der Jupitermonde in bezug auf den Planeten beobachten. Diese Aufzeichnungen mit Skizzen von Keplers Hand bestätigten vollauf die Richtigkeit von Galileis Beobachtungen (KGW XXI.1, 319–312). Daraus entstand die kleine Schrift *Narratio de Jovis satellitibus*, die er bereits sechs Wochen später an Galilei sandte. Die Beobachtungen wurden von Kepler schließlich mit einem in Prag hergestellten Fernrohr vom 4. Oktober bis zum 9. November 1610 fortgesetzt.[3]

In seiner Prager Zeit hatte Kepler, wenn auch später noch weitere große Werke folgen sollten, den Höhepunkt seines wissenschaftlichen Werdegangs erreicht. Im Umkreis des Kaiserlichen Hofes war seine Ansicht zu den verschiedenen wissenschaftlichen Problemen sehr geschätzt, gehörte er doch als Kaiserlicher Mathematiker zu den angesehensten Gelehrten seiner Zeit. Aus dieser Zeit sind auch seine Überlegungen zur wissenschaftlichen Geodäsie überliefert. So macht er in einem Brief des Jahres 1607 an Herwart den Vorschlag zu einer umfassenden Erdmessung. Als prinzipielles Verfahren schlägt er vor, von zwei Türmen aus – etwa vom Dom zu Freising und von der Residenz zu München – die gegenseitigen Zenitdistanzen und die zwischen den Beobachtungspunkten liegende Entfernung zu messen. In dieser Weise könnten die Geometer, ohne eine einzige Messung am Himmel vorzunehmen, von einem Berg zum anderen in Nord-Süd- und in Ost-West-Richtung messen, um so die Größe der Erde und ihre möglichen Abweichungen von der sphärischen Figur zu bestimmen (Brief Nr. 461, in: KGW XVI, 81f.).

Keplers Anerkennung als wissenschaftliche Autorität kommt auch in seiner umfangreichen Korrespondenz mit Fachkollegen und Liebhabern der Wissenschaft in verschiedenen Ländern Europas zum Ausdruck. Für die Erörterung von Problemstellungen der entstehenden *Astronomia Nova* war *David Fabricius* (1564–1617), Pfarrer in Friesland und sorgfältiger astronomischer Beobachter, der wichtigste Gesprächspartner in der Ferne. Daneben spielte noch die sporadische Korrespondenz mit Joh. Antonini Magini in Bologna, Christoph Heydonus in London und Christian Longomontan in Kopenhagen eine gewisse Rolle. Weiterhin blieb auch der Briefwechsel mit Herwart von Hohenburg in München für Kepler von Bedeutung; darin wurden besonders Fragen der Physik und der Bewegungslehre, der Kosmologie und der Harmonik erörtert. Für Problemstellungen der Optik ist die Korrespondenz mit dem Arzt Johann Georg Brengger in Kaufbeuren und mit dem Naturforscher Thomas Harriot in London von Interesse. Die größte Aufmerksamkeit kommt jedoch dem kurzzeitigen Briefwechsel mit Galilei zu, nicht allein wegen der wissenschaftlichen Gleichrangigkeit und Berühmtheit des Briefpartners, sondern hauptsächlich wegen der angesprochenen kosmologischen und naturphilosophischen Probleme.

In Anbetracht dieses hohen wissenschaftlichen Ansehens, das sich Kepler in seiner Prager Zeit erworben hat, muß es überraschen, daß er nie als Professor an eine Universität berufen wurde und insofern auch keine wissenschaftliche Schule bilden konnte. Zwar war er als Nachfolger von Galilei in Padua, später auch von Magini in Bologna im Gespräch, und noch 20 Jahre später bemühte sich die Universität Rostock um ihn. Aber eine wissenschaftliche Lehrtätigkeit an einer Universität hat er nie ausgeübt. Allein ein Aktenvermerk des Karlskollegium in Prag führt Kepler als Mathematiker in der Philosophischen Fakultät an, bemerkenswerterweise gemeinsam mit dem Rektor Martin Bachaczek, bei dem Kepler vorübergehend gewohnt hatte.[4]

Hat also Kepler seine Erkenntnisse, Lehren und Methoden nicht an Schüler direkt weitergeben können, so konnte er auch kaum Mitarbeiter gewinnen; zu gering waren seine finanziellen Mittel. Nur sporadisch konnte er Assistenten, die ihm bei Rechnungen oder Abschriften behilflich waren, beschäftigen. Zu nennen sind Matthias Seiffart, bereits Mitarbeiter von Brahe in Prag, ferner Johannes Schuler aus Wolfhagen in Hessen, der Mathematiker Benjamin Ursinus, Janus Gringalletus aus Genf, Pastor Wolfgang Bachmaier in Mähringen und der äußerst talentierte Mathematiker und Mediziner Jakob Bartsch, der Keplers Tochter Susanna aus erster Ehe 1630 in Straßburg heiratete, aber schon drei Jahre später starb.

Nach Abdankung und Tod Rudolphs II. trat Kepler 1612 in den Dienst der protestantischen Landstände von Oberösterreich und wurde Landschaftsmathematiker und Lehrer an der im Vergleich zur Stiftsschule von Graz wenig bedeutenden Landschaftsschule zu Linz. Wie ursprünglich die Stiftsschule in Graz war auch die Linzer Schule nach dem Vorbild des humanistisch-evangelischen Schulwesens aufgebaut. Neben dem Unterricht für die adlige Jugend in mathematischen und philosophischen Fragen wurde Kepler bei seiner Anstellung zur besonderen Pflicht gemacht, eine Landkarte von Oberösterreich herzustellen – wozu es nach ersten Erkundigungen und Vermessungen aber nicht gekommen ist – sowie das große astronomische Tafelwerk, die *Tabulae Rudolphinae*, zu vollenden.

Nach seinem Aufstieg zum bedeutendsten astronomischen Theoretiker der Zeit hat sich Kepler mit einer vergleichsweise geringen Anstellung begnügen müssen. Zur Übersiedlung in die Stadt Linz, für die Kaiser Matthias (1612–1619) seine Einwilligung geben mußte, hatten ihm einige einflußreiche adlige Gönner geraten und den Weg geebnet. In seiner Funktion als Kaiserlicher Mathematiker bestätigt, doch abseits der höfischen Welt und fern von akademischen Verpflichtungen konnte sich Kepler am ehesten die eigene Freiheit des Geistes und bewunderungswürdige Wachheit des Gewissens bewahren. Über diese Freiheit hatte er bereits in Prag angemerkt:

«Das ich nit viel Caeremonias Academicas, oder Titulirns gemachet, sondern ohne scheuh mit worten außgesprochen, wie ichs im Hertzen empfunden: bekenn ich gern, das ich dieser weise bey meiner in viel Jahr gehabten freyhait gewohnet.» (KGW IV, 116)

Im Vergleich zu Prag verlief sein Leben in Linz ruhiger, wenn er auch mehrere längere Reisen unternahm. Aber es entfielen die zeitraubenden Unterredungen am Kaiserlichen Hof, und auch die geringer werdende Korrespondenz beanspruchte nun weniger Zeit. Alte Freundschaften, wie die mit Mästlin und Wacker von Wackenfels, wurden per Brief fortgesetzt. Hinzu kamen neue freundschaftliche Beziehungen wie die mit dem Straßburger Humanisten Matthias Bernegger und dem Tübinger Orientalisten und Mathematiker Wilhelm Schickard.

Bald nach seiner Übersiedlung nach Linz heiratete er ein zweitesmal. Seine Begutachtung der in Frage kommenden Frauen läßt Kepler selbst in dieser persönlichen Lebensentscheidung als methodisch und zielstrebig vorgehenden Menschen erkennen. Aus einer Reihe von nicht weniger als elf Ehekandidatinnen fiel seine Wahl schließlich auf *Susanna Reuttinger* (1589–1636), Tochter eines Schreiners aus dem benachbarten Eferding. Dort fand auch am 30. Oktober 1613 die Hochzeit statt. In der zweiten Ehe wurden sieben Kinder geboren, von denen sechs in jungen Jahren starben. Die Tochter *Cordula* heiratete in Wien; ihre Ehe war mit Kindern gesegnet (Caspar 1995, 437).

In Linz hat Kepler nach eigenem Zeugnis die glücklichsten Jahre seines Lebens verbracht. Dennoch kam es gleich zu Beginn seiner Linzer Zeit zu einem Glaubenskonflikt, der zum Ausschluß Keplers vom Abendmahl durch den dort eingesetzten württembergischen Oberprediger Daniel Hitzler führte. Als Kepler unumwunden Vorbehalte gegen bestimmte Glaubensartikel bei Hitzler zur Sprache brachte, verlangte dieser Keplers Zustimmung zu den in der Konkordienformel festgehaltenen Lehren. Kepler wollte aus Gewissensgründen nicht unterschreiben und hielt an seiner persönlichen Freiheit fest, nun auch gegen die an die kirchliche Autorität gebundene Gemeinde.

Zu dem Vorwurf, er würde sich in Religionsangelegenheiten halb papistisch, halb calvinistisch verhalten, verwies er in einem Brief aus dieser Zeit auf das wenig andachtsvolle Verhalten der Prediger:

«Mein disputirn in religionssachen gehet allain dahin, das die Prediger auff der Cantzel zu hoch fahren, und nit bei der alten ainfalt pleiben, vil disputation erwecken, neue sachen aufbringen, damit die andacht gehindert würt, einander vil fälschlich bezüchtigen, die gemüther ja Fürsten und Herren in einander hetzen, den Päbstischen vil dings gar zu böslich deütten, und ursach geben, das vil wider abfallen, wan einmahl ein verfolgung angehet.»

(KGW XVII, 41)

In wissenschaftlicher Hinsicht blieb er der geniale Einzelgänger. Gegen Anfeindungen und äußere Störungen von einer kleinen Zahl adliger Gönner abgeschirmt, aber ohne einen weitergehenden Gedankenaustausch mit befreundeten Gelehrten, hat Kepler in Linz seine Forschungen erweitern und vertiefen können. Für seine Studien standen ihm verschiedene großzügig ausgestattete Bibliotheken zur Verfügung, so neben der Bibliothek des Herren- und Ritterstandes der Landschaftsschule die Schloßbibliotheken für den oberösterreichischen Landadel und Privatbibliotheken oberösterreichischer Adelsfamilien. Dazu gehörten die Bibliotheken der Hohenfelder, des Georg Erasmus von Tschernembl und des Heinrich Wilhelm von Starhemberg auf Riedegg, für dessen Bücherei Keplers Sohn Ludwig 1632 einen Katalog erstellte (Zibermayr 1950).

In der Linzer Zeit entstanden chronologische Schriften, so zur biblischen Chronologie und zum Geburtsjahr Christi, sowie mathematische Schriften, darunter über Stereometrie und Logarithmen. Schließlich vollendete er das «Werk seines Lebens», die bei Johann Plank 1619 in Linz gedruckte *Weltharmonik* (*Harmonices Mundi libri V*), das tiefsinnigste Keplersche Werk überhaupt. Mit seiner universellen Harmonievorstellung wollte er nach eigenem Bekunden die Herrlichkeit der göttlichen Schöpfung offenbaren:

«Ich sage Dir Dank, Schöpfer, Gott, weil Du mir Freude gegeben hast an dem, was Du gemacht hast, und ich frohlocke über die Werke Deiner Hände... Ich habe die Herrlichkeit Deiner Werke den Menschen, die meine Ausführungen lesen werden, geoffenbart, soviel von ihrem unendlichen Reichtum mein enger Verstand hat erfassen können. Mein Geist ist bereit gewesen, den Weg richtigen und wahren Forschens einzuhalten.»
(HM V.9; WH, 350; KGW VI, 363)

Das Werk, von platonisch-pythagoreischem Geist erfüllt, ist besonders durch Proklos beeinflußt. Kepler war nach dem Entwurf seines *Mysterium Cosmographicum* ein weiteres Mal davon überzeugt, er habe den göttlichen Bauplan der Schöpfung aufgedeckt. Dieser zeichne sich durch die besondere Ästhetik harmonischer Teilungen und Verhältnisse in Geometrie, Musik und Kosmologie aus.

Erkannte er in seinem Frühwerk mittels der fünf regulären Körper die grobe geometrische Struktur des Kosmos, ist er nun davon überzeugt, über die Harmonien den Bauplan für die ausgefeilte

*Abb. 5: Kepler auf dem Höhepunkt seines geistigen Schaffens.
Zeitgenössisches Gemälde nach dem Straßburger
Original von 1620.*

Form der Welt gefunden zu haben. Die später als *drittes Keplersches Gesetz* bezeichnete Beziehung zwischen den Umlaufzeiten und Bahnhalbmessern der Planeten versteht er hier als das harmonische Prinzip der Planetenbewegung schlechthin und damit als den eigentlichen Schlüssel zum harmonisch strukturierten Kosmos, der noch weitgehend als identisch mit dem außen von der Fixsternsphäre begrenzten Sonnensystem angesehen wird. Über die angesprochenen kosmologischen Beziehungen hinaus stellt die Idee der Weltharmonie für Kepler überhaupt ein einheitliches und theoretisch begründetes Erklärungsmodell der Naturvorgänge dar.

Wie Kepler es geahnt hatte, blieb eine Resonanz auf das schwer lesbare Werk weitgehend aus. Dabei waren seine harmonikalen Ausführungen derart vielschichtig, daß eine positive Aufnahme der *Harmonice Mundi* von der besonders außerhalb Deutschlands sich entwickelnden Fachphilosophie noch vor Leibniz zu erwarten gewesen wäre. Zwar lud ihn der mit Francis Bacon gut bekannte englische Gesandte Henry Wotton im Auftrage von König Jakob I. von England, dem Kepler als «Friedensfürsten» das Werk gewidmet hatte, persönlich nach England ein. Jedoch ist es zu dieser Reise und damit auch zu einer Begegnung mit dem englischen Philosophen nicht gekommen.

Der in der *Weltharmonik* ausformulierten Keplerschen Weltsicht einer universellen Harmonie und Eintracht mußten die religiösen Streitigkeiten und Schrecken des 30jährigen Krieges zutiefst widersprechen. Daher ist Kepler in seiner Linzer Zeit mit leidenschaftlichen Friedensappellen in Briefen und Widmungen seiner Werke hervorgetreten.

Ebenso hat Kepler zu dieser Zeit gegen das schroffe Vorgehen der päpstlichen Zensurbehörde Stellung bezogen. In einem Dekret des Jahres 1616 hatte die Indexkongregation im Anschluß an die Ermahnung Galileis die Schriften von Copernicus und seiner Anhänger auf den Index der verbotenen Bücher gesetzt. Kepler, der ein Verbot eigener Werke zumindest in Italien befürchtete, wandte sich in einer Denkschrift an die ausländischen, besonders italienischen Buchhändler, bei dem Verkauf seiner Bücher besondere Vorsicht walten zu lassen:

«Ihr Buchhändler müßt Euch bewußt sein, daß Ihr für die Philosophie und für die guten Schriftsteller gleichsam als Notare bestellt seid, um den Richtern die Verteidigungsschriften [für Copernicus] vorzulegen. Verkauft daher die *Weltharmonik* nur den höchsten Geistlichen, den bedeutendsten Philosophen, den erfahrensten Mathematikern, den tiefsten Metaphysikern, zu denen mir als dem Anwalt des Copernicus kein anderer Weg offen steht. Diese mögen entscheiden, ob hier nur reine Erfindungen einer ausschweifenden Phantasie ausgedacht sind oder ob nicht vielmehr etwas vorliegt, was als Ergebnis der Naturforschung durch augenscheinliche Tatsachen bewiesen werden kann.» (KGW VI, 544)

In dieser Weise trat Kepler auf dem Höhepunkt seines geistigen Schaffens und im Bewußtsein des besonderen Ranges seines wissenschaftlichen Forschens für das hohe Ziel des konfessionellen und damit auch des politischen Friedens und für die wissenschaftliche Wahrheit ein.

Als weitere wichtige Werke, die während der Linzer Zeit entstanden sind oder fertiggestellt wurden, sind der «Abriß der copernicanischen Astronomie», die *Epitome Astronomiae Copernicanae* (1618–1621), sowie das große Tafelwerk, die *Tabulae Rudolphinae* (1627), zu nennen.

Die *Epitome* ist ein umfassendes astronomisches Übersichtswerk in sieben Büchern, überhaupt die erste systematische Gesamtdarstellung der neuzeitlichen Astronomie. Darin ist Keplers Kosmologie auf der Grundlage seiner astronomisch-physikalischen Theorie, eingebettet in dazu gehörige naturphilosophische Fragestellungen, dargelegt.

Die im Auftrag Rudolphs II. erarbeiteten astronomischen Tafeln sollten die rasche und möglichst genaue Lösung praktischer astronomischer Aufgaben gestatten und zudem für den Benutzer einfach zu handhaben sein. Das Werk enthält als die wichtigsten Teile den auf Tycho Brahe zurückgehenden Fixsternkatalog, die vor allem aus den Braheschen Beobachtungen und auf der Grundlage der Keplerschen Planetentheorie berechneten Tafeln der Bewegungen der Planeten und des Mondes, ein Verzeichnis von mehr als 500 Orten mit ihren geographischen Koordinaten und als spätere Hinzufügung eine von Johann Philipp Walch in Nürnberg gestochene Weltkarte. Als einziges der Keplerschen Werke besitzt dieses Opus ein als Kupferstich ausgeführtes Titelblatt, das nach dem Geschmack der Zeit einen astronomischen Tempel mit allegorischen Figuren zeigt. Von diesem

Abb. 6: Keplers Entwurf zum Frontispiz der Tabulae Rudolphinae.

Frontispiz hat sich ein Entwurf von Keplers eigener Hand erhalten (*Abb. 6*).

War das Tafelwerk von den Astronomen und Astrologen für ihre Berechnungen sehnsüchtig erwartet worden, so diente es auch Kepler selbst als Grundlage seiner Ephemeridenrechnungen und der späten astrologischen Berechnungen. Noch für das nächste halbe Jahrhundert war es in diesem Genre trotz des weiteren wissenschaftlichen Fortschritts das astronomische Standardwerk schlechthin.

Die letzten Linzer Jahre Keplers sind von äußeren Unruhen überschattet. Nach dem im Jahr 1619 erfolgten Regierungsantritt Kaiser Ferdinands II. werden mit der forcierten Rekatholisierung Oberösterreichs die Stände entmachtet. Den Protestanten droht die Ausweisung. Mit Herzog Maximilian von Bayern schließt Ferdinand einen Vertrag ab, worin dem Herzog das Kommando des Heeres der katholischen Liga übertragen wird und für entstehende Kriegsausgaben österreichische Gebiete verpfändet werden. Auch Oberösterreich muß ab 1620 die Lasten der Besetzung tragen. Im Oktober 1625 wird das Religionspatent gegen die Nichtkatholiken erlassen. Kepler, von der Ausweisung zunächst nicht betroffen, erkennt bald seine Lage in Linz als hoffnungslos. Anfang 1626 wird seine Bibliothek von der Reformationskommission versiegelt. Da erheben sich im Frühjahr 1626 unter Führung von Stephan Fadinger die Bauern und rebellieren gegen die Bürden der bayerischen Besetzung und die gegenreformatorischen Zwangsmaßnahmen. Linz wird belagert; es kommt zu ersten Kampfhandlungen. Häuser, darunter die Planksche Druckerei, gehen in Flammen auf. Kepler wird vom Landhaus aus, wo er seine Wohnung genommen hat und Soldaten einquartiert sind, Zeuge der Kämpfe in der Vorstadt.

Bei nächster Gelegenheit, am 20. November 1626, als sich der Belagerungsring der Bauern gelockert hat, verläßt Kepler mit seiner Familie die Stadt. Zwei Jahre später quittiert er auch offiziell den Dienst bei den Oberösterreichischen Ständen. So ist es letztlich die unheilvolle Politik des Kaisers gewesen, die seinen nominell nochmals bestätigten Mathematiker in Linz brotlos gemacht hat.

Zur Fertigstellung des Drucks der *Tabulae Rudolphinae* ging Kepler nach Ulm, wo das Werk unter seiner Aufsicht binnen acht Monaten in einer Auflage von tausend Exemplaren gedruckt wurde. Er achtete sorgfältig auf die Ausstattung bei der Wahl der

Drucktypen, bei der Einteilung der Tabellen und der Korrektur der Druckfehler; so sind die Rudolphinischen Tafeln nicht nur inhaltlich, sondern auch typographisch als Druckwerk von ihm gestaltet. Im September 1627 legte er das Tafelwerk auf der Frankfurter Herbstmesse vor. Das war für die Preisfestsetzung und den Vertrieb des Werkes wichtig, weil Frankfurt als Bücherstadt auch während der Kriegsjahre für Geschäftsabschlüsse seine Bedeutung beibehielt.

Das fertige Tafelwerk überreichte Kepler dem Kaiser Anfang 1628 in Prag. Bei dieser Gelegenheit machte der Kaiser seinem Mathematiker ein glänzendes Angebot, dessen Inhalt nicht näher bekannt ist. Nur sollte Kepler katholisch werden, eine Bedingung, die er nicht akzeptieren konnte. In einem Brief vom Februar 1628 an den ihm freundschaftlich gesonnenen Jesuitenpater Paul Guldin in Wien begründete er ausführlich seine Ablehnung (KGW XVIII, 331ff.).

Mit der Vollendung der Rudolphinischen Tafeln in Prag hatte Kepler sein Tycho Brahe gegebenes Versprechen, das Werk fertigzustellen und darin auch das Brahesche Weltsystem zu berücksichtigen, eingelöst und zugleich die wichtigste Aufgabe als Kaiserlicher Mathematiker erfüllt. Dieser Umstand trug dazu bei, daß er bei *Albrecht Wallenstein* (1583–1634), Herzog von Friedland und Sagan und Oberbefehlshaber über die kaiserlichen Truppen, eine neue Anstellung in Sagan fand. Zweifellos erhoffte sich der sterngläubige Wallenstein von Kepler weitere Unterstützung in astrologischen Fragen, hatte doch der Kaiserliche Mathematiker bereits im Jahr 1608 für einen «böhmischen Herrn», hinter dem sich der Name *Waltstein* verbarg, die Nativität (das Geburtshoroskop) ausgelegt.

Diesen Namen hat Kepler in einer von ihm selten verwendeten Geheimschrift geschrieben (*Abb. 7*), um die dem Auftraggeber zugesicherte Diskretion zu gewährleisten.

Derartige Geheimschriften waren noch im ausgehenden Mittelalter und in der frühen Neuzeit durchaus üblich (Bischoff 1954). An eine dieser Schriften hat auch Kepler seine eigenen Zeichen angelehnt.

Für das Wallenstein-Horoskop sollte Kepler seine 1625 vorgelegte Rektifikation auf der Grundlage des Tafelwerks und seiner darauf basierenden Ephemeriden nochmals überarbeiten (List 1971). Zudem vermeinte die kaiserliche Partei mittels der Voraussagen aus den

Abb. 7: Wallenstein-Horoskop von 1608 von Keplers Hand.

Keplerschen Planetenberechnungen den Ausgang der Kriegshandlungen besser vorherbestimmen zu können.

In Sagan wurde zum Druck der Ephemeriden eine Presse eingerichtet. In dieser schlesischen Provinzstadt außerhalb der großen Städte des Reiches, wo «die Briefe nur langsam hin und her gehen» (KGW XVIII, 385), war Kepler endgültig vom Strom des geistigen Lebens abgeschnitten. Diese Situation beschreibt Voltaire mit den Worten:

«In Deutschland wurde die Naturforschung von einer kleinen Anzahl, dem großen Haufen unbekannter Gelehrter betrieben. Dieser große Haufen war roh und unausgebildet. Es gab ganze Provinzen, wo die Menschen kaum zu denken vermochten und wo man nichts anderes wußte, als sich der Religion wegen zu hassen.» (Voltaire 1787, 253)

In Sagan begann Kepler noch den Druck seines *Somnium sive Astronomia Lunaris* (Traum oder Astronomie vom Mond), der in eine phantasiereiche Traumerzählung eingebetteten Darstellung der astronomischen Phänomene, wie sie ein Mondbewohner beobachten würde. Das Werk wurde erst nach Keplers Tod 1634 von seinem Sohn Ludwig herausgegeben. Die *Ephemerides*, die zum Teil im voraus berechneten astronomischen Tabellen der Jahre 1617–1636, wurden in monatelanger, häufig auch nächtlicher kräftezehrender Arbeit fertiggestellt. Dieses Werk beschloß Keplers wissenschaftliche Tätigkeit.

Im Oktober 1630 begann er seine letzte Reise, die ihn nach Linz zur Regelung von Vermögensverhältnissen führen sollte. Zudem wollte er Wallenstein, der inzwischen als Generalissimus abgesetzt war, das Ephemeridenwerk überreichen. Er reiste über Leipzig und Nürnberg nach Regensburg, wo er auf dem zu Ende gehenden Fürstentag wegen seiner eigenen finanziellen Verhältnisse vorsprechen und sein ausstehendes Gehalt als Kaiserlicher Mathematiker persönlich einklagen wollte. Der Betrag war auf 11817 Goldgulden angewachsen. Einschließlich der Zinsen wurde er am 27. April 1633 von der Kaiserlichen Hofbuchhaltung auf 12694 Gulden festgesetzt. Diese Schuld wurde nie beglichen.

Nur wenige Tage nach seiner Ankunft in Regensburg, am 15. November 1630, verstarb Kepler im Haus des befreundeten Kaufmanns *Hillebrand Billi* in der heutigen Keplerstraße an einer hitzigen Krankheit. Er wurde auf dem protestantischen Friedhof St. Peter beigesetzt (*Abb. 8*).

Keplers sterblichen Überresten war jedoch keine Ruhe vergönnt: In den Jahren 1632–34 wurde der Friedhof und so auch Keplers Grab in den Wirren des 30jährigen Krieges zerstört.[5] Bis heute existiert keine Gedenkstätte, die der wissenschaftlichen und menschlichen Größe dieses bedeutenden Gelehrten angemessen wäre.[6]

Nicht das Grab ist erhalten, jedoch der Wortlaut der von Kepler selbst verfaßten Grabinschrift. Die in Latein geschriebenen Worte lauten: «Mensus eram coelos, nunc terrae metior umbras; Mens coelestis erat, corporis umbra jacet.»

In deutscher Übersetzung lautet die Inschrift des Grabsteins:

«Hier ruht der hochangesehene, hochgelehrte und weltberühmte Mann, Herr Johannes Keppler, 30 Jahre hindurch Mathematiker dreier Kaiser, Rudolfs II., Matthias' und Ferdinands II., vorher aber der steirischen Landschaft von 1594 bis 1600, dann auch der österreichischen Stände von 1612 bis zum Jahre 1628, der ganzen Christenheit bekannt durch seine Schriften, von allen Gelehrten den Fürsten der Astronomie zugezählt, der sich diese Grabschrift selbst bestimmt hat:

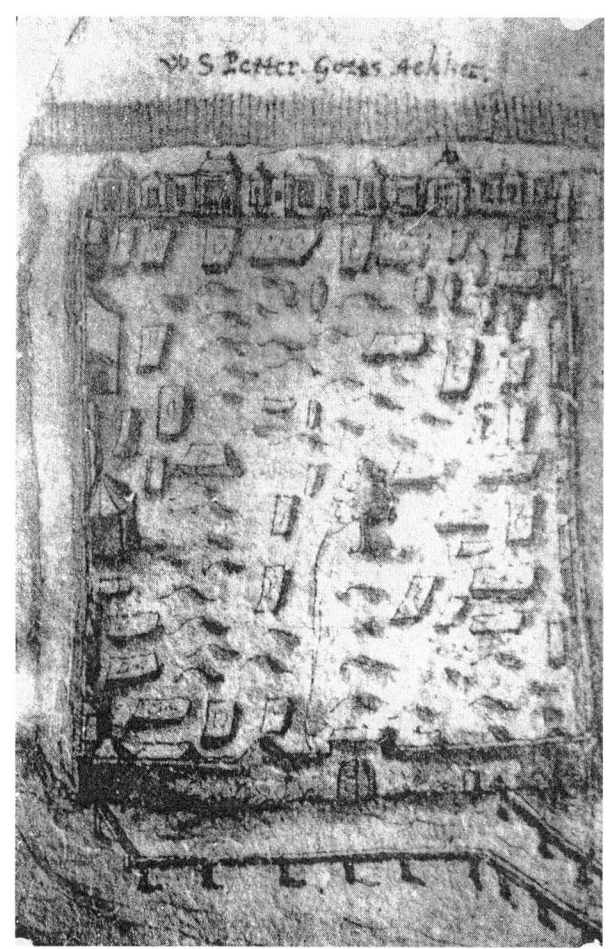

*Abb. 8: Friedhof Wey, St. Peter Regensburg. Nach einer
Federzeichnung von J.G. Bahre (um 1630).*

Habe die Himmel erforscht,/ jetzt irdische Schatten durchmess ich;/ Himmelsgeschenk war der Geist,/ schattenhaft liegt nun der Leib.
Gottergeben starb er in Christo im Jahr des Heils 1630 den 5. November im sechzigsten seines Lebens.» (Gerlach/List 1971, 228 u. 240)

Der Text der Inschrift ist Keplers Schwiegersohn *Jakob Bartsch* von Kepler selbst mitgeteilt worden, wie Bartsch in seiner *Appendix* (dem Anhang) zu den *Tabulae Rudolphinae* schreibt:

«So ist Kepler... am Vortag einer auffallenden Mondfinsternis, die er zuletzt noch berechnet hat, der Mutter Erde zurückgegeben worden. Nun mißt er nicht weiter den Himmel aus, sondern mit dem Körper die Erde. Das scheint er, eingedenk seiner Sterblichkeit, in der von ihm selbst verfaßten und mir mitgeteilten Grabinschrift wenige Monate zuvor mit einer unheilvollen, damals nicht bedachten Vorbedeutung vorhergesagt zu haben.» (KGW X, 257)

Zusammen mit der Würdigung des Verstorbenen findet sich die Grabinschrift auf einem Zettel, der von *Ludwig Kepler* geschrieben ist und heute am Schluß eines Briefes Keplers vom 27. Mai 1622 an den Regensburger Arzt Johann Oberndorffer (KGW XVIII, 89f.) aufgeklebt ist. So hat sich der Wortlaut der Inschrift von Keplers Grabstein erhalten.

Die Nachricht von Keplers Tod erreichte seine Familie, die nun in eine große Notlage geriet, erst Anfang Dezember 1630. Über seinen Tod schrieb der Tübinger Mathematiker Wilhelm Schickard an Matthias Bernegger in Straßburg:

«Unser gemeinsamer Freund Kepler, ein Stern erster Größe am mathematischen Himmel, ist dahingeschieden und über den Horizont des irdischen Lebens emporgestiegen. Welch unermeßlichen Verlust haben die Wissenschaften durch den Hingang des unvergleichlichen Mannes erlitten!»
(KGW XIX, 394)

Und der Naturphilosoph und Mathematiker *Pierre Gassendi* klagte (KGW XIX, 234): «O unsterblicher Gott! Jene leuchtende Sonne der Gelehrten, Kepler, ist untergegangen.»

II. Wissenschaft und Philosophie

1. Erkenntnislehre und Methodenfrage

1.1 Einführung in die erkenntnistheoretischen Problemstellungen

Keplers Erkenntnislehre ist in keinem seiner Werke explizit dargestellt. Eine Keplersche Epistemologie im philosophischen Sinn mit der speziellen Erörterung von Entstehung, Prinzipien und Reichweite der Erkenntnis gibt es nicht. Allerdings äußert er sich an verschiedenen Stellen seines Opus ausführlich über das Erkenntnisvermögen des menschlichen Geistes, so im *Mysterium Cosmographicum*, in der *Harmonice Mundi* und in einzelnen Briefen. Enthusiastisch begrüßt er den Wissenschaftsfortschritt, empfindet er doch in dem pulsierenden wissenschaftlichen Leben den Aufbruch einer vorwärtsdrängenden Zeit. In der Überzeugung, der Mensch könne den geheimen Bauplan der Schöpfung erkennen und damit die Wirklichkeit der Natur erfassen, ist sein wissenschaftliches Denken von erkenntnistheoretischem Optimismus erfüllt.

So feiert er nach den teleskopischen Entdeckungen von Galilei im Frühjahr 1611 in der Vorrede seiner *Dioptrice* (1611) das Fernrohr als ein wahrhaft königliches Instrument:

«Dank des neuerfundenen Fernrohrs werden nun die Augen des Astronomen geradewegs instand gesetzt, die Bestandteile der Milchstraße zu erfassen... Wer hätte ohne dieses Instrument je geglaubt, daß die Zahl der Fixsterne zehn- oder vielleicht zwanzigmal größer wäre als nach dem Fixsternkatalog von Ptolemäus?... Oh du vielwissendes Sehrohr (perspicillum), köstlicher als ein Szepter! Wer dich in Händen hält, ist der nicht zum König, zum Herrn über die Werke Gottes gesetzt?» (KGW IV, 343 f.)

In der frühen Neuzeit ist das Naturverhältnis des Menschen noch völlig anders als das der hochentwickelten Industriegesellschaft. Noch hat sich der Mensch nicht zum Herrn über die Erde, ihre Geschöpfe und Reichtümer erhoben, trotz des bereits begonnenen, aber noch nicht planmäßig betriebenen Raubbaus an der Natur.[1] In der Frühzeit der entstehenden neuen Wissenschaften sieht sich der Mensch noch immer als Teil der Schöpfung. Das wissenschaftliche Wissen ist noch auf die als sinnvoll empfundene kosmische Ordnung bezogen. Auf bisweilen euphorische Weise bringt Kepler diesen Sinnbezug des Wissens in religiös gefaßter Sprache zum Ausdruck.

Für ihn sind die Wege der menschlichen Erkenntnis der himmlischen Dinge beinahe so bewunderungswürdig wie die Natur der Dinge selbst. Es muß, bedingt durch die Verfaßtheit des menschlichen Erkenntnisvermögens, ein innerer Zusammenhang zwischen dem erkennenden Subjekt und dem Objekt der Erkenntnis bestehen. Offenbar ist die menschliche Erkenntnis so konstituiert, daß sie den göttlichen Bauplan, der nicht anders als in geometrischen Lettern geschrieben ist, zu entziffern vermag. Daher weist er die geometrische Methode als das wichtigste Erkenntnismittel aus, deren Grundlagen er sich aus den sorgfältigen Studien der antiken Klassiker Archimedes, Euklid, Apollonios, Pappos und Proklos erarbeitet hat.

Nun ist die Beziehung zwischen Subjekt und Objekt nicht allein kognitiver Art, sondern auch in der Weise bestimmt, wie sich der Gegenstand den Sinnen darbietet. Denn der erste *konkrete* Zugang des Naturforschers zu seinem Objekt erfolgt als empirische Wahrnehmung über die Sinne. Wie aber kommt dieser Wahrnehmungsakt, der dem empirisch erschlossenen Wissen unmittelbar vorangeht, zustande? Besitzt etwa auch das Objekt eine Potenz, die im Wahrnehmungsprozeß aktiviert wird?

Kepler verharrt beim spekulativen Denken der reinen Anschauung. Nur die Spekulation, die über die bloße Sinneswahrnehmung hinausgeht, ist instande, das empirisch nicht zugängliche Ganze, nämlich den Gesamtzusammenhang der Natur, zu erschließen. Andererseits darf die wissenschaftliche Erkenntnis nicht von der Empirie absehen. Ihr eigentliches Ziel besteht darin, sich mit der bloßen Deskription der Phänomene nicht zufrieden zu geben, sondern über die Beobachtungsdaten mittels der mathematisch-theoretischen Ausarbeitung zur physischen Realität selbst vorzudringen.

Keplers Erkenntnismittel haben sich erst allmählich herausgebildet und sind in die Geistestraditionen der Spätrenaissance eingebunden. Dazu gehören besonders die methodischen Prinzipien von Zweckursache (*causa finalis*) und Analogie, die Kepler in großer Variabilität gehandhabt hat.

Traditionell war die Erarbeitung eigener Forschungsansätze im wissenschaftlich-universitären Umfeld des Späthumanismus an die Rezeption vorgegebener Texte geknüpft. Erst im Anschluß an die anhand der Texte nachprüfbaren Auffassungen wurden die neuen Probleme entwickelt. Auch Keplers kritische Rezeption traditioneller Denkformen folgt diesem methodischen Vorgehen. Erst zu seiner Zeit erreichte die kritische Auseinandersetzung mit der Scholastik ihren Abschluß. Damit wurde ein Theoriegebilde von hoher Konsistenz aufgebrochen (Holz 1999).

1.2 Mathematische Form der Naturerkenntnis: Quantitäten und Archetypen

Am Anfang des neuen wissenschaftlichen Denkens der Renaissance beschreibt Nicolaus Cusanus seine «Versuche mit der Waage» (*statera*) von 1450 mit der Quintessenz: Wissen und Erkennen ist Messen. Diese Schrift befindet sich im Einklang mit dem Bibelwort: Gott hat alles nach Maß, Zahl und Gewicht geordnet (*Sap 11,20*). Insofern gibt der Kusaner gleichsam das Motto für die künftige Methodenlehre der Naturwissenschaften vor.

Noch nimmt der wissenschaftliche und technologische Fortschritt einen langsamen Verlauf; neue wissenschafts- und erkenntnistheoretische Konzeptionen werden kaum entwickelt. Anderthalb Jahrhunderte nach Cusanus, aber noch im Anschluß an den Kardinal erhebt Kepler die meßbare Quantität zur wichtigsten Kategorie der menschlichen Erkenntnis. In neuplatonischer Tradition begründet er seine Vorstellung von der menschlichen Erkenntnisfähigkeit metaphysisch-theologisch. Hierfür ist ein Brief an Mästlin aus dem Jahr 1597 besonders aufschlußreich:

«Gott hat alles in der Welt nach der Norm der Quantität begründet. Ebenso hat er dem Menschen einen Geist (*mens*) verliehen, diese zu erfassen. Denn wie das Auge für die Farbe, das Ohr für die Töne, so ist der Geist des Menschen für die Erkenntnis nicht beliebiger Dinge, sondern der Größen (*quanta*) geschaffen. Er erfaßt eine Sache umso richtiger, je mehr sie sich den reinen Quantitäten als ihrem Ursprung nähert ... Denn unser Geist bringt seiner Natur nach für die Studien der göttlichen Dinge Begriffe (*notiones*) mit sich, die auf der Kategorie (*praedicamentum*) der Quantität aufgebaut sind.» (KGW XIII, 113.19–18)

In diesem Zitat sind die Grundzüge der Keplerschen Erkenntnislehre gewissermaßen zusammengefaßt. Drei wichtige Gedanken lassen sich hieran anknüpfen:

1. Gott hat nichts planlos geschaffen, sondern alles nach quantitativen Größen begründet

Gott hat bei der Erschaffung der Welt Geometrie getrieben. Von Anbeginn der Schöpfung an hat der Schöpfer die mathematischen Dinge als Urbilder oder Archetypen in sich getragen und in den materiellen Dingen der Welt realisiert. Die geometrischen Figuren sind ewig; denn «von Ewigkeit war das Wahre im Geist Gottes» (KGW XV, 235).

Der innere Zusammenhang der Dinge ist weder über die abstrakte Mathematik, wie sie um 1600 durch die frühe Algebra (*Coss*) repräsentiert wird, noch über abstrakte Zahlen darstellbar. Sie liefert nur Rechenschemata und dringt nicht zum Wesen der Dinge vor. Damit wendet sich Kepler besonders gegen *Pierre Ramée* oder *Petrus Ramus* (1515–1572), einen der prominentesten Vertreter der algebraischen Rechenweise, der die Coss aus Gründen praktischer Nützlichkeit verteidigt hat.

Besonders für die harmonikalen Ableitungen Keplers sind als mathematische Kategorien die *Figuration* und die *Proportion* geometrischer Größen von entscheidender Bedeutung (KGW VI, 15). Figuration gilt für einzelne Größen und wird durch Grenzen hergestellt, wie etwa die gerade Linie durch Punkte und die ebene Fläche durch Linien begrenzt ist. Kepler schließt hier wieder an Proklos an, indem er für das mathematische Sein die Prinzipien Begrenzung und Unbegrenztes zuläßt, entsprechend dem *peras* und *apeiron* der platonischen Philosophie. Die Begrenzung tritt als Form, das Unbegrenzte als Materie der geometrischen Dinge auf (Steck 1941), worüber er im ersten Buch der Weltharmonik näheres ausgeführt hat. Daher sind

Linie, Fläche und Körper Gattungen der Quantität. Die andere erwähnte Kategorie, die Proportion, ist stets auf Dinge, wie etwa auf Körper und Bewegungen zu beziehen und zeigt sich als *harmonische* Proportion eher im Werden als im Sein (HM III.1; KGW VI, 105).

2. Die wahre Beschaffenheit der Welt ist durch den menschlichen Geist erkennbar

Der menschliche Geist erfaßt nichts deutlicher als die Quantitäten. Gott wollte den Menschen die Gesetze der physischen Welt erkennen lassen und ihn so zur vertieften Bewunderung seiner Werke führen, als er ihn nach seinem Ebenbild schuf. Gott, so Kepler in einem Brief aus dem Jahr 1599, wollte den Menschen Anteil nehmen lassen an seinen eigenen Gedanken (KGW XIII, 308f.).

Wie aber kann ein apriorisches Wissen im menschlichen Geist vorhanden sein, also ein angeborenes «instinkthaftes» Wissen vor jeder Erfahrung der äußeren Dinge?

Die Urbilder für die Erschaffung der Welt sind mit dem Bild Gottes in die menschlichen Seelen übergegangen, werden also nicht erst durch das Auge in das Innere aufgenommen. In der Seele bleiben die Urbilder oder Archetypen präsent. Es gibt keine substantielle Wesenheit außerhalb des seelischen Vermögens. Auch dieser Gedanke der Immanenz der Idee schließt unmittelbar an Proklos an (Cassirer 1906).

Es existieren also apriorische Erkenntniselemente im menschlichen Geist. Sie sind Abbilder der im Geistig-Seelischen vorhandenen Urbilder (Knöfel 1945). Daraus resultiert Keplers Postulat einer realen Außenwelt. Wenn auch die intelligiblen Ideen im Menschen bereits vorhanden sind, so ist es doch erforderlich, die Emanationen der Seele zu prüfen. Erst an dieser Stelle kommt der eigene aktive Anteil des menschlichen Geistes am Erkenntnisakt zum Ausdruck. Insofern die geometrischen Figuren vor dem geistigen Auge offenliegen, wird die abstrakte Quantität vor aller sinnlichen Anschauung die wesentliche Bezugskategorie für die urbildlichen harmonischen Proportionen (HM IV.1; KGW VI, 222).

3. Die Keplersche Erkenntnislehre impliziert eine bestimmte Auffassung von der Beschaffenheit der Welt und hat insofern einen ontologischen Bezug

Eine bestimmte Form der Erkenntnis, die nach der Wirklichkeit der Welt fragt, hat eine ontologische Reichweite. Keplers Erkenntnislehre geht davon aus, daß die Wesenheiten des Seienden geometrischer Art und in dieser Qualität vom menschlichen Geist erkennbar sind. Das Seiende, bei Kepler der Kosmos, muß im wesentlichen geometrisch strukturiert sein. Die Urbilder der Weltschöpfung sind aus der Geometrie genommen; dann muß die Welt die «beste und schönste» aller möglichen Welten sein. Denn die Geometrie stellt in der Unterscheidung des Geraden und Krummen die vollkommenen Figuren und Formen für die Ausbildung der Schönheit der Welt bereit (MC, Kap. 2; KGW I, 24). Gott hat die Urbilder zur Ausgestaltung der Welt geliefert, damit diese – wie es schon Cusanus ausgesprochen hatte – dem Schöpfer ähnlich werde.

Der Weltbegriff, auch in der vorliegenden ästhetischen Bestimmtheit, bezeichnet wohlgemerkt das Ganze, den Kosmos, nicht aber die irdische Welt, die Erde.[2]

Keplers Erknnntnislehre verläuft an der Grenze zwischen Empirie, Mathematik und Metaphysik. Sie ist eine Synthese von exakter Forschungsmethode, spekulativer Betrachtung und intuitiver geistiger Schau (Breitsold-Klepser 1976).

Ebenso ist sie theologisch-psychologisch fundiert. Die Ideen haben in einer angeborenen Disposition ihren Ursprung oder sind, wie Kepler es ausdrückt, als Archetypen der menschlichen Seele eingeprägt. Göttlicher Schöpfungsplan, geometrische Strukturelemente und seelische Konstitution sind die wesentlichen Bezugsglieder für die Möglichkeit der Erkenntnis von Wirklichkeit, wie sie im Geiste Gottes gedacht ist. Soweit der Mensch die Welt zu erkennen vermag, ist die menschliche Erkenntnisfähigkeit dem göttlichen Denken ähnlich. Zwischen Gott und Mensch besteht ein Ebenbildverhältnis, das in dem immanenten Erfassen geometrischer Dinge seinen Ausdruck findet.

Aus heutiger Sicht könnte die Annahme von apriorischen Erkenntniselementen im menschlichen Geist zu der Schlußfolgerung führen, daß der Mensch in bestimmten Perioden seiner Kulturgeschichte sich auch in unterschiedlichen Regionen gleicher Vorstellungsmuster bedient hat. Es müßte eine Evolution des Menschen intellektueller Art stattgefunden haben, die sich über bestimmte Abstraktionsstufen und über gemeinsame Denkformen geometrisch-quantitativer Art realisiert hat.³

1.3 Empirie und sinnliche Wahrnehmung

Im Prozeß der Erkenntnis tritt der Erkennende in geistiger Hinsicht einem Gegenstandsbereich oder einer Welt der Objekte gegenüber. Vor ihm liegt das zu untersuchende empirische Material, das sich den Sinnen in der Vielfalt der Erscheinungen der Wirklichkeit darbietet. Es ist so zu bearbeiten, daß aus ihm das gemeinsame Regelhafte, das hinter allen Phänomenen liegt, aufzuspüren ist.

In seinem Erstlingswerk *Mysterium cosmographicum*, dem «Vorboten himmlischer Abhandlungen», hatte es Kepler unternommen, die Zahl, die Reihenfolge und die relative Größe der Planetenbahnen aus den Eigenschaften der fünf regulären Körper abzuleiten. Diese Untersuchung war die erste konsequente Anwendung seiner sich herausbildenden archetypischen Erkenntnislehre. Der empirische Anteil beschränkte sich hierin auf Daten für die Planetenabstände von der Sonne, die ihm aus Mitschriften der Tübinger Vorlesungen Mästlins zur Verfügung standen.⁴ Schon bald nach der Veröffentlichung des Buches zollte Tycho Brahe dem jungen Gelehrten hohes Lob, kritisierte aber das Apriori der Keplerschen Vorgehensweise. An Mästlin schrieb Brahe 1598, eine wirkliche Verbesserung der Astronomie könne nur auf der Grundlage von Beobachtungen, also nur *a posteriori* erfolgen. Ebenso müsse sich die Verwendung der Abmessungen der regulären Körper auf vorausgehende Beobachtungen stützen (KGW XIII, 204).

Dieser prinzipielle Einwand entsprach auch den eigenen weiterführenden Überlegungen Keplers. Ihm war bald selbst klar, daß Spekulationen a priori nicht der Erfahrung widersprechen dürfen. Die nähere Darstellung des nach geometrischen Grundmustern strukturierten Kosmos bedurfte erst der Fundierung durch eine neue Astronomie auf empirischer Grundlage. In diesem Sinne sind Keplers weitere kosmologische Untersuchungen mit dem dahinter liegenden, aber nicht ausformulierten Forschungsprogramm in sich folgerichtig. Denn seinen Erkenntnissen über die Weltharmonik geht notwendigerweise der Aufbau der neuen Astronomie voran, und diese wiederum basiert auf den astronomischen Beobachtungen der bedeutendsten Astronomen der Antike, des Mittelalters und der frühen Neuzeit und hier vorzugsweise auf denen Tycho Brahes.

Kepler hat hunderte von astronomischen Beobachtungen herangezogen, geprüft und ausgewertet. In diesen Untersuchungen zeigt er eine meisterhafte Beherrschung der induktiven Methode, also der Vorgehensweise, von endlich vielen Einzelfällen auf verallgemeinernde Regularien zu schließen, die dann für alle Fälle gelten. Aus der Vielzahl der Einzelbeobachtungen, die ja in Hinblick auf die wenigen gesuchten Parameter redundant (überschüssig) sind und daher der fehlertheoretischen Auswertung bedürfen, werden die Aussagen über die Hypothesen und Gesetzmäßigkeiten abgeleitet. Diese, einmal bekannt, stellen dann den theoretischen Rahmen dar, auf dessen Grundlage aus den Beobachtungen die Parameter der Bahn eines Himmelskörpers zu berechnen sind. Es gehen also induktive Verallgemeinerungen und deduktive Ableitungen ineinander über. Eine Induktion ist stets mit einer Deduktion verbunden.

Für die Planetenbewegung stellt die in der Astronomia Nova (1609) anhand der Braheschen Mars- und Sonnenbeobachtungen abgeleitete Theorie das paradigmatische Modell für alle Planeten einschließlich der Sonne und näherungsweise auch des Mondes dar. Insofern kann hieran die Bahnbestimmung eines Planeten direkt anknüpfen, wenn es auch, wie besonders für den Mond, Abweichungen von der Grundform gibt. Von dem einen schließt Kepler also auf alle Planeten: «Warum soll ich diesen Schluß nicht verallgemeinern, wenn kein Grund dafür vorliegt, daß er nur für einen einzigen Planeten gilt?»(AN II.14; KGW III, 141)

In der Astronomia Nova wird die Diskussion über die Gestalt der Bahn bereits abgeschlossen. Die Entdeckung der elliptischen Bewegung der Planeten geht Hand in Hand mit der Aufstellung der allgemeinen Konzeption. Eine Verifikation dieser Annahme wäre nach den Regeln des induktiven Beweises nicht erforderlich, wird aber von Kepler für die Berechnung seines Tafelwerkes und seiner Ephemeriden ausgeführt. Im konkreten Fall eines Planeten wird von Näherungswerten für die einzelnen Bahnparameter ausgegangen, und diese werden dann schrittweise aus passenden, entsprechend der Bahngeometrie besonders geeignet erscheinenden Beobachtungen verbessert. In diesem Prozeß der Bestimmung einer Planetenbahn macht Kepler auch von Prinzipien der Ausgleichungsrechnung Gebrauch, die er ohne das Hilfsmittel der mathematischen Analysis auf empirischem Wege erprobt. Diese Vorgehensweise führt bereits zu ersten Ansätzen der erst zu späterer Zeit entwickelten Fehlerrechnung.

Für diese Verfahrensweise ist generell festzuhalten: Aus der Mannigfaltigkeit der Erscheinungen wird auf das allgemeine Prinzip geschlossen. Der Natur selbst werden die Gesetzmäßigkeiten abgeschaut und diese nicht umgekehrt erst jener aufgezwungen. Eine naturwissenschaftliche Aussage muß in quantitativer Hinsicht mit den Beobachtungen der Natur übereinstimmen. Die astronomische Theorie, soll sie zu begründeten Aussagen über die Strukturen der Wirklichkeit führen, muß von den empirischen Daten, von den Phänomenen der Wirklichkeit ausgehen. Insgesamt stellt die Entdeckung der Keplerschen Gesetze einen großen Schritt im Übergang vom empirischen zum theoretischen Wissen in der Astronomie dar. Die Gesetze betreffen ja nicht nur Einzelentdeckungen Keplers, sondern sind in der Verbindung von Astronomie und Physik, aber auch von Mathematik und Ästhetik charakteristisch für den wissenschaftlichen Entwicklungsprozeß im 17. Jahrhundert.

Kepler hat auch hier auf Entdeckungen und Vorstellungen anderer aufgebaut, darunter besonders auf Proklos, Cusanus, Copernicus und Gilbert. Hier liegt also ein Muster für den Prozeß einer Theorienbildung vor, wie ihn der englische Wissenschaftsphilosoph William Whewell (1794–1866) beschrieben hat: Der Prozeß des werdenden Wissens in der Geschichte stellt sich in der Weise dar, daß eine wissenschaftliche Theorie nicht einfach früher erkannte Wahrheiten negiert, sondern in veränderter, möglicherweise verallgemeinerter Form in sich aufnimmt. Das, was einmal gedacht oder getan wurde, geht nicht völlig verloren, obwohl es aufhört, auffallend oder erstrangig zu sein (Whewell 1857, 8).

Ist nun der Gegenstand lediglich bloße Bedingung von Erkenntnis, wie der Rationalismus einschänkend feststellt (Brugger 1984, 245), oder ist er selber aktiv an dem Erkenntnisvorgang beteiligt? Wie also ist der Wahrnehmungsprozeß im Subjekt-Objekt-Verhältnis vorzustellen?

In der mittelalterlichen Wahrnehmungslehre spielt der Begriff der *species* eine wichtige Rolle. Species, im Singular wie im Plural gebraucht, hat mit Anblick, Musterbild, Begriff oder Vorstellung unterschiedliche Bedeutungen und wird in der scholastischen Psychologie und Erkenntnislehre als Trägerin des physiologischen Reizprozesses im Wahrnehmungsvorgang aufgefaßt. Es werden substantielle, jedoch feinstoffliche Ausströmungen der Dinge angenommen. Indem diese zu den Sinnesorganen wandern, fungieren sie als Boten der Dinge (Schwarz 1895). Nach *Francisco Suárez* (1548–1617), einem Jesuiten und Vertreter der spanischen Scholastik, haben die species in den objektiven Qualitäten der Dinge ihren Ursprung. So geht etwa von einem leuchtenden Objekt Helligkeit (*lumen*) aus, aber auch jene wahrnehmbare species (*species visibilis*), die für das Objekt repräsentativ ist. Sie wird vom Sinnesorgan aufgenommen; erst dadurch wird die Wahrnehmung herbeigeführt.

An die Species-Lehre schließt auch Kepler an, faßt den Begriff aber noch universeller und gibt ihm eine mehr ontologische Bedeutung. Darin ist er vom arabischen Naturphilosophen *Alhazen* (ca. 965–1040) beeinflußt. Kepler benutzt den Begriff der species als ein Erklärungsmuster besonders für mechanische und optische Phänomene.

Eine nähere Erklärung der bewegenden Kraft und der Beleuchtungsvorgänge im Planetensystem legt Kepler in der *Epitome* mit der Annahme der species der Sonne vor. Er denkt sich die Sonnenkugel mit feinstofflichen Species (*species immateriatae*) ausgestattet, die sowohl dem Sonnenkörper wie auch dem Sonnenlicht zukommen. Der Ursprung der species liegt also gleichermaßen in der Masse des Sonnenkörpers wie im Lichtkörper. Die species des Lichtes entstammen nicht nur der Oberfläche, sondern auch der Tiefe des Sonnenkörpers, so daß die Lichtemanation nicht nur durch das immanente Wesen des Lichtes erklärt wird (KGW VII, 303). Dem Licht kann die Oberfläche eines Körpers nicht widerstehen, so daß diese im Nu ohne Zeitverzögerung beleuchtet wird. Demgegenüber wird der wirkenden Kraft von der Masse des Körpers ein Widerstand entgegengesetzt. Dadurch folgt ein Planet nicht genau der Vorwärtsbewegung der ergreifenden Kraft, die hier als wirbelnder, von der Sonne ausgehender Species-Strom gedacht ist, sondern bleibt etwas dahinter zurück.

Indem die ergreifende Kraft wie das Licht als immaterieller Ausfluß vorgestellt wird, besteht zwischen beiden große Ähnlichkeit. Dementsprechend wird die bewegende Kraft der Sonne in Analogie zum Licht gedacht (KGW VII, 305.2). Während jedoch das Licht im quadratischen Verhältnis der Abstände des beleuchteten Körpers von der Sonne, also im Verhältnis der Oberflächen vermindert wird,⁵ nimmt die bewegende Kraft (*virtus motrix*) nur im einfachen Verhältnis ab (KGW VII, 305.23-25). Für diese erfolgt eine Verminderung nicht flächenhaft, sondern nur linear in Länge.

Für Kepler vermag die Species-Lehre überhaupt eine Fülle von Wahrnehmungen der Naturphänomene durch die menschlichen Sinne zu erklären: Nicht nur den hellen Schein, der von einem leuchtenden Körper kommt, und die bewegende Kraft der Sonne, welche die Planeten herumführt, sondern auch den Klang, der von einem gespannten und geschlagenen Körper zum Gehör dringt, oder einfach die Wärme des Ofens, die eine Stube erwärmt. Darüber hat sich Kepler ausführlich in seiner naturphilosophischen Schrift *Tertius interveniens* (1610) geäußert (in *Nr. 26-30*; KGW IV, 169 ff.).

In diesem Zusammenhang spricht *Anneliese Maier* von «phantastischen Ausführungen» Keplers, die noch ganz «auf dem Boden der traditionellen Species-Lehre» stünden, während sich bereits die Mechanisierung als neue Leitidee des Zeitalters ankündige (Maier 1938, 14). Dabei verkennt sie jedoch, daß es Kepler auch bei dieser spekulativ angenommenen gleichartigen Erklärungsursache für unterschiedliche Phänomene um die innere Einheit der Natur geht und damit schließlich um die über die Wahrnehmungsvorgänge erfahrbare Harmonie der Welt.

Die ganze Welt ist voller Farben, für die das Licht als ein «wunderbarlicher Postreiter» fungiert. Mittels der species immateriatae überbringt es diese Buntheit den Augen, den «zwei von Gott angeordneten Kunstkämmerlein», worin dann alle Farben, die gesehen werden können, abgemalt sind (Ti *Nr. 27*; KGW IV, 171). Diese wahrgenommenen Farben sind an den Sternen und Planeten wirklich in ihrem «Überzug», an ihrer Oberfläche, vorhanden oder weisen auf eine besondere innere Disposition hin, wodurch das von ihnen ausgehende Licht unterschiedlich gefärbt wird.

Diese qualitativ angereicherte Wahrnehmungslehre widersetzt sich allerdings einer Mechanisierung, wie sie bei *Descartes* zu ungefähr derselben Zeit ihren Ausgang genommen hat.

1.4 Hypothese und Naturgesetz: Das Realismusproblem

Das menschliche Erkenntnis- und Wahrnehmungsvermögen ist für Kepler nicht unabhängig von der Außenwelt konstituiert. Erst die quantitativ-geometrische Grundstruktur der Welt sowie die feinstofflichen Emanationen dinglicher Qualitäten ermöglichen den wissenschaftlichen Zugang zu ihr durch das erkennende Subjekt. So besteht eine kausale Wechselbeziehung zwischen Innen und Außen, indem das Innen dem Außen strukturell adäquat ist und das Subjekt vom Objekt die informativen Impulse empfängt, aus denen die Wirklichkeit in einigen wesentlichen Momenten erschlossen wird.

Die Erkenntnis vermag also zur Wirklichkeit vorzudringen. In dieser Weise hat Kepler die Frage, ob wir im erkennenden Denken lediglich einer Fiktion bzw. einer Konvention unterliegen oder tatsächlich zur wirklichen Beschaffenheit der Dinge vordringen können, positiv beantwortet. Bei dieser positiven Lösung des Realismusproblems spielt der Keplersche Begriff einer *wissenschaftlichen Hypothese* eine fundamentale Rolle.

Ernst Cassirer bezeichnet die mit dem Begriff einer astronomischen Hypothese verbundene Fragestellung als das philosophische Grundproblem der Astronomie dieser Zeit. Für Kepler geht es darum, nicht die sinnliche Gewißheit als Wahrheit auszugeben, sondern die dahinter liegende tiefste Wesenheit der Natur aufzudecken. Indem er alle Einzelschritte der astronomischen Hypothesenbildung entwickelt, ist Kepler zum «eigentlichen Logiker der naturwissenschaftlichen Hypothese geworden» (Cassirer 1969, 33).

Seine Problemstellung betrifft die wissenschaftstheoretische Bedeutung, die logische Struktur und den Erkenntniswert einer Hypothese. Dieser Thematik ist eine besondere Abhandlung gewidmet, die ausdrücklich epistemologische (erkenntnistheoretische) und methodologische Fragen erörtert. Seit ihrer Erstveröffentlichung im Jahre 1858 ist sie in der Fachliteratur unter dem Titel «Apologia Tychonis contra Ursum» oder kurz als *Apologia* bekannt. Damit wird die Betonung auf den Anlaß ihrer Abfassung gesetzt: Kepler, der sich zu dieser Zeit (1600/1601) infolge der begonnenen Rekatholisierung der Steiermark in Schwierigkeiten befand und sich bei Tycho Brahe in Prag aufhielt, hatte in diesem einen einflußreichen Gönner gefunden.⁶ Als eine Art Gegenleistung verfaßte Kepler für Brahe gegen *Benjamin Ursus* (gest. 1600), Mathematiker bei Rudolph II. in Prag, diese Schrift, in der es dem Anlaß nach um die Sicherung der Priorität Brahes bei dem Entwurf seines Weltsystems ging. Nach Intention und Inhalt der Abhandlung aber geht es um einen Traktat über Hypothesen (*De hypothesibus tractatus*), und so lautet auch der Titel, den Kepler selber verwendet hat (KGW XX.1, 91).

Was also ist eine Hypothese? In dialektischer Weise führt Kepler zunächst aus, was eine Hypothese nicht ist oder leisten kann.

Dem Begriff nach grenzt er sie gegen das Axiom (einen abgesicherten, allgemein anerkannten Satz, der als solcher Autorität besitzt) und gegen das Postulat (einen durch eine nähere Veranschaulichung oder eine Demonstration evidenten Satz) ab und begreift sie allgemein als eine in Logik, Geometrie und Astronomie verwendete Voraussetzung einer Demonstration. In der Astronomie ist eine Hypothese weder etwas Erdichtetes, noch Imaginäres oder gar Absurdes. Ebenso wenig ist sie bloße Rechengrundlage, wie *Andreas Osiander* in seiner dem Hauptwerk des Copernicus untergeschobenen Vorrede dessen Lehre interpretiert hat. Schließlich ist auch die Ansicht des italienischen Platonikers *Francesco Patrizi* (1529–1597), der überhaupt alle Hypothesen ausschließen und reguläre Grundformen der Planetenbewegung nicht zulassen wollte, zurückzuweisen. Sollen denn, so fragt Kepler, nur die Phänomene gelten, und würde man so nicht am ehesten den Sinnestäuschungen folgen?

Dazu führt er launig die Wahrnehmung eines Tischgenossen an, der während eines Mahls durch das Fenster nach draußen blickte und Kühe auf einer Weide grasen sah. Eine Spinne hing am Fenster; unwillkürlich projizierte sie sein Gefährte in der Sichtlinie auf die Kühe und rief aus: «Ein Wunder, eine vielbeinige Kuh!» (KGW XX.1, 29.48). Sinnestäuschungen in der Astronomie müssen also durchschaut und durch die wirklichen Verhältnisse ersetzt werden.

Positiv gesagt ist für eine astronomische Hypothese die Übereinstimmung des entworfenen Bildes von bestimmten Elementen der Wirklichkeit mit der Natur der Dinge entscheidend. Sie enthält konzeptionelle geometrische und physikalische Voraussetzungen über die himmlischen Bewegungen. Der Bildungsvorgang ist folgender:

«Zuerst entwerfen wir uns in den Hypothesen ein Bild von der Natur der Dinge. Dann konstruieren wir, auf sie gestützt, den Calculus, die Berechnungsweise. Wir zeigen damit die Bewegungen auf. Schließlich prüfen wir auf zurücklaufendem Weg die wahren Vorschriften der Berechnung.»
(KGW XX.1, 25.43–45)

Die Aufstellung einer astronomischen Hypothese erfolgt also in einem Dreischritt:
1. Darstellung der Natur der Dinge: Die Hypothese eilt zunächst der Erfahrung voraus.
2. Demonstration der Bewegungen: Deduktive Schlußfolgerungen für den Verlauf und die Form der Bewegung.
3. Vorschrift zur numerischen Berechnung der Beobachtungen: Empirische Prüfung, Verifizierung oder Falsifizierung der beiden vorangegangenen Schritte.

Jede wahre Hypothese erhebt damit einen doppelten Anspruch: Sie soll zum einen die Rechenvorschrift vorlegen, um das empirische Material innerhalb der Beobachtungsgenauigkeit richtig darzustellen. Zum anderen soll sie die tatsächlichen physischen Verhältnisse der Wirklichkeit abbilden. Darum unterscheidet Kepler zwischen der mathematischen und der physikalischen Betrachtungsweise in der Astronomie, die beide zusammengehören und erst den Wahrheitsgehalt einer Hypothese ausmachen. Für ihn ist die Bindung der Erkenntnis an die physikalische Realität entscheidend. Eine Hypothese steht letztlich für das, was wahr und der Welt gemäß ist.

Diesen Hypothesenbegriff hat Kepler seinen Untersuchungen über die wahren Verhältnisse der Planetenbewegung zugrunde gelegt und damit einer neuen Methode des naturwissenschaftlichen Forschens zum Durchbruch verholfen. Er wollte zur «Natur der Dinge» selbst vordringen, und das hieß für seinen Untersuchungsgegenstand: die Transformation der copernicanischen deskriptiven Astronomie in eine streng heliozentrische, dynamische Astronomie beweiskräftig demonstrieren. Indem Kepler die Sonne als den physikalischen Grund der planetarischen Bewegung wahrnahm, wurde der Mittelpunktskörper des Systems als Dreh- und Angelpunkt der Planetenbewegung in die Untersuchungen miteinbezogen.

Sein erster Lösungsansatz führte ihn nur zu einer Ersatzhypothese, einer «stellvertretenden» Hypothese (*hypothesis vicaria*), die zwar als Rechengrundlage für die Berechnung ekliptikaler Längen von Mars und Erde geeignet war, jedoch mit der ungleichen Teilung der Bahnexzentrizität (Distanz Sonne-Bahnmittelpunkt) die Wirklichkeit verfehlte. Die Falsifizierung dieser Ersatzhypothese war für die weitere Vorgehensweise von großer Tragweite: Aus der Untersuchung geozentrischer und heliozentrischer Marsbreiten ergab sich die notwendige Halbierung der Exzentrizität. Die Rechnung mit halbierter Exzentrizität aber offenbarte für den exzentrischen Kreis, der hier als Bahnmodell noch zugrunde lag, in den Oktanten der Bahn – den Punkten mit jeweils 45°-Abstand vom sonnennächsten oder sonnenfernsten Punkt – jene berühmte 8'-Differenz zu den Tychonischen Beobachtungen, die nach Kepler «den Weg zur Erneuerung der ganzen Astronomie» gewiesen hat (KGW III, 178).

Damit ist für den neuen konzeptionellen Ansatz Keplers deutlich geworden: Ging es in der alten Astronomie darum, die Planetenbewegung auf geometrisch-mathematischem Wege darzustellen und numerisch möglichst genau zu berechnen, so erhob Kepler den Anspruch, mit seiner Theorie ein neues Modell der Planetenbewegung mit der Natur selbst in Übereinstimmung zu bringen. Entscheidend für die Gültigkeit einer Theorie ist der Wahrheitsgehalt ihrer Aussagen hinsichtlich der Wirklichkeit. Kepler hat also dem naturwissenschaftlichen Denken einen Wahrheitsbegriff zugewiesen, der in den erläuterten Komponenten der Hypothesenbildung zum Ausdruck kommt (Götschl 1975).

Mit seinen drei *Keplerschen Gesetzen* hat er die dynamische Ordnungsstruktur für das Planetensystem erkannt. Die Gesetze wiederum ließen sich als ein Nachvollziehen dessen begreifen, was im Geiste Gottes vorhanden und in der Schöpfung realisiert ist. Denn, so schreibt Kepler 1599 an Herwart von Hohenburg,

«für Gott liegen in der ganzen Körperwelt körperliche Gesetze (*leges corporis*), Zahlen und Verhältnisse vor, und zwar höchst erlesen und auf das beste geordnete Gesetze... Wir wollen über das Himmlische und Unkörperliche nicht mehr zu erforschen suchen, als uns Gott offenbart hat. Das liegt innerhalb des Fassungsvermögens des menschlichen Geistes, das wollte uns Gott erkennen lassen, als er uns nach seinem Ebenbild erschuf, damit wir Anteil bekämen an seinen eigenen Gedanken.» (KGW XIII, 308 f.)

Kepler hat die Strukturen und Bewegungsverhältnisse des Kosmos unter dem Gesichtspunkt der mathematischen Gesetzmäßigkeit betrachtet. Damit kann er überhaupt als der erste gelten, der noch vor Descartes den Begriff des mathematisch formulierten Naturgesetzes erfaßt und das Gesetz als ein notwendiges erkannt hat (Schmidt 1903, 33).

Ähnlich wie Kepler spricht auch Descartes davon, daß die Gesetze von Anfang des Universums an gültig sind. Sie bestimmen Stellung und Anordnung der nach der Schöpfung der Welt sich in chaotischem Zustand befindlichen Materie, eben so, wie es dem göttlichen Willen entsprochen hat (Descartes 1919, 37).

Kepler sieht als Naturphilosoph in der Realisierung des kosmischen Bauplanes ein großes schöpferisches Prinzip am Wirken und erkennt in dem Naturgeschehen ein zielstrebiges Handeln. Für ihn ist die Welt nach Zwecken geordnet, wie er überhaupt das methodische Prinzip der Zweckursache (causa finalis), also des finalen Denkens, in der Naturforschung fruchtbar gemacht hat (Haase 1980). Erster Zweck der Welt und aller Schöpfung ist der Mensch (KGW I, 30). Diese Zweckursache ist der ganzen Erkenntnislehre Keplers letztlich eingeschrieben.

2. Die Keplersche Wende. Begründungsformen der neuen Astronomie

2.1 Konzeptionelle Voraussetzungen

Wohl kein noch so großer Gelehrter hat jemals seine Ideen nur aus seinem eigenen Fundus geschöpft, ohne sich nicht auch auf die geistigen Strömungen seiner Zeit eingelassen zu haben. Diese historische Erfahrung trifft auch auf Kepler zu, der sich besonders mit den antiken und mittelalterlichen kosmologischen und naturphilosophischen Ideen auseinandergesetzt und aus ihrer kritischen Rezeption seine wissenschaftlichen Problemstellungen umso präziser formuliert hat. Insbesondere fußt seine neue, physikalisch begründete Astronomie auf ideengeschichtlichen Voraussetzungen, die im folgenden dargestellt werden sollen.

a) Auseinandersetzung mit der Ideenwelt des Platonismus

Im lateinischen Hochmittelalter ist hauptsächlich die Philosophie des Aristoteles rezipiert und durch theologisch geschulte Denker in die *Scholastik* transformiert worden. Sie wurde an fast allen europäischen Universitäten seit dem 13. Jahrhundert gelehrt. Noch in der Spätrenaissance orientierten sich die Lehrmeinungen von Kirche und Theologie der verschiedenen Konfessionen hauptsächlich an Aristoteles.

Auch für Kepler war eine kritische Rezeption der spätscholastischen Disputationen und ihrer Begrifflichkeit unumgänglich. Programmatisch für die Wende zu einer prinzipiell neuen Begründung der Astronomie ist sein Wort des Jahres 1607, er wolle anstelle der Himmelstheologie oder Metaphysik des Aristoteles eine Himmelsphilosophie oder Himmelsphysik vorlegen (KGW XVI, 54).

Dementsprechend hat er sich in seinen kosmologischen Schriften kritisch mit dem Aristotelismus auseinandergesetzt. Unmittelbar positive Impulse hat er dagegen aus dem Platonismus empfangen.

Gegenüber dem Aristotelismus hat die Philosophie Platons erst in der Renaissance und hier besonders durch die Neugründung der Platonischen Akademie im Florenz der Mediceer an Einfluß merklich zugenommen. Mit der Wiederentdeckung der platonischen Ideenwelt wird die Philosophie auch nach christlich-theologischer Auffassung als Inbegriff des theoretischen Wissens anerkannt. Zwar stehen Sinnenwelt und Ideenwelt einander konträr gegenüber, aber zwischen ihnen vermittelt das von Gott geschaffene seelische Prinzip. Erst die Seele als Ausfluß des Einen und Guten trägt Ordnung in die Welt hinein. Theologisch gesprochen wird hier der Grund für den «Glauben an die Transzendenz des Einen und an dessen weltdurchstrahlende Kraft» gelegt (Vorländer 1965, 42), wie er dann die Philosophie der Renaissance, so etwa in der neuplatonischen Grundgestimmtheit von Giordano Bruno, entscheidend geprägt hat.

Kepler zeigt sich besonders von Platons *Timaios* beeinflußt, hat aber auch an spätere platonische Denker und hier näher an Proklos angeschlossen.

Timaios ist Platons wichtigste kosmologische Schrift in pythagoreischer Tradition und besteht zur Hauptsache aus einem großen Lehrvortrag über die Welt, die antiken Elemente, das Leben und den Menschen. Platon schließt hier an die antike Elementenlehre und an die Verknüpfung der Elemente mit den regulären Körpern an, wie sie von *Empedokles* (5. Jh. v. Chr.) in der Tradition der eleatischen Seinslehre vorgenommen wurde. In der Veranschaulichung sind geometrische Formen vorherrschend. Die vier Elemente Feuer, Wasser, Luft und Erde, bei der Schöpfung bereits vorhanden, sind als kleinste Teilchen aufzufassen, die erst in der Verdichtung vom Menschen sinnlich wahrgenommen werden können. In der Ausgestaltung der Welt werden sie weiter ausgeformt und dann zusammengefügt:

«Die von Natur so beschaffenen (Gattungen Feuer, Wasser, Luft und Erde) formte Gott zunächst durch Gestaltungen und Zahlen. Er fügte sie aus einem nicht so beschaffenen Zustand auf das möglichst Schönste und Beste zusammen.» (*Timaios* 53 b)

Jedem Element wird sodann ein regulärer Körper zugeordnet, ohne daß Platon bereits alle Namen dieser Körper nennt: dem Feuer der dreiflächige Tetraeder, dem Wasser der zwanzigflächige Ikosaeder, der Luft der achtflächige Oktaeder und der Erde der sechsflächige Würfel (Hexaeder). So heißt es beispielsweise über die zuletzt genannte Zuordnung:

«Der Erde wollen wir die Würfelgestalt zuweisen; denn die Erde ist von allen vier Gattungen die unbeweglichste und unter den Körpern der formbarste.» (*Timaios* 55 d-e):

Die Bildung der regulären Körper aber wird durch das Zusammentreten der «zwei schönsten Dreiecke» gedacht: des rechtwinkligen, gleichschenkligen mit den Dreieckswinkeln 45°, 45°, 90° und eines bestimmten rechtwinkligen, nichtgleichschenkligen Dreiecks. Zwei spiegelbildlich zueinander liegende Exemplare des zuletzt beschriebenen lassen sich dann zu einem gleichseitigen Dreieck mit den Dreieckswinkeln von je 60° zusammenfügen. Aus der Verknüpfung der vier Gattungen ist schließlich der sichtbare Himmel gebildet, von sphärischer Gestalt und auf der Außenseite vollständig glatt. Ob diese kugelförmige Gestalt dem zwölfflächigen Dodekaeder entspricht, bleibt unklar; doch heißt es immerhin:

«Da aber noch *eine*, die fünfte Zusammenfügung übrig war, so benutzte Gott diese für das Weltganze, indem er Figuren (Sternbilder) darauf anbrachte.» (*Timaios* 55 c)

Erst Aristoteles hat das fünfte Element *quinta essentia* genannt und diese auf eine angenommene Himmelsmaterie bezogen.

In seinen kosmologischen Harmonieuntersuchungen folgt Kepler, indem er die Eigenschaften ebener Figuren zur Grundlage seiner mathematischen Theorie der Weltharmonik macht, Platons Darstellung im *Timaios* (Field 1988). Über die Verknüpfung der regulären Körper mit den Elementen in der Antike heißt es in seiner *Harmonice Mundi* entsprechend:

«Das sind jene fünf Körper, welche die Pythagoreer, Platon und Proklos, der Kommentator Euklids, die Weltfiguren zu nennen pflegten. In welcher Weise diese Figuren auf die Weltkörper bezogen wurden, ist ungewiß. Nach Aristoteles ist es allgemeine Überzeugung, jene Philosophen hätten sich entsprechend der Fünfzahl dieser Figuren nach fünf einfachen Weltkörpern umgeschaut, nämlich nach den vier Elementen Feuer, Luft, Wasser, Erde und nach der sogenannten Quintessenz oder Himmelsmaterie, indem sie die Eigenschaften der Figuren mit den Eigentümlichkeiten jener einfachen Körper in Zusammenhang brachten.»
(HM II, in: KGW VI, 80)

In der näheren mathematischen Durchdringung seiner kosmologischen Untersuchungen wie auch in den Prinzipien der mathematischen Darstellung der Himmelsphänomene ist Kepler vor allem *Proklos* (412–485) gefolgt, der ihm gezeigt hat, «wie ein theoretischer Philosoph Mathematik behandeln sollte» (KGW VI, 15). Bei Proklos ist der Neuplatonismus systematisch ausgeformt, zumeist in Form von Kommentaren zu Platon und anderen antiken Denkern. Für ihn geht es in der Astronomie um das wirkliche Sein der Dinge, nicht um fiktive geometrische Konstruktionen. Damit kritisiert er die spätantike Epizykel-Konstruktion der mathematischen Astronomie.

Davon läßt sich Kepler in den Überlegungen zum Hypothesenbegriff leiten, während er sich in der Begründung seiner harmonikalen Kosmologie am meisten von dem Proklos-Kommentar zum ersten Buch der *Elemente* des Euklid beeinflußt zeigt. Dementsprechend setzt er auf die Titel von Buch I und IV seiner *Harmonice Mundi* als Motto seiner Weltsicht einen Text aus diesem Euklid-Kommentar:

«Für die innere Betrachtung (*contemplatio*) der Natur leistet die Mathematik den schönsten Beitrag, indem sie das geordnete Gefüge der Gedanken enthüllt, nach dem das Universum gebildet ist, und die Analogie aufzeigt, die, wie Timaios einmal sagt, alles in der Welt (*omnia mundana*) miteinander verbindet, Widerstreitendes aussöhnt und Fernliegendes in Zusammenhang und gegenseitiger Zuneigung verbindet.» (KGW VI, 207)

In seinem Kommentar, einer wahrhaft «in platonischem Geist gehaltenen Philosophie der Mathematik» (Vorländer 1965a, 192), baut Proklos im Anschluß an Plotin eine kategoriale Prinzipien- und Methodenlehre auf. In dialektischer Weise entfaltet sich das Eine zur Vielheit der endlichen Dinge und wird in die Einheit aufgehoben. Der Gegensatz der Prinzipien *peras* und *apeiron*, des Begrenzten und des Unbegrenzten, wird durch die Verschiedenheit von gerader und ungerader Zahl ausgedrückt. Im Begrenztsein zeigen sich Maß und Bestimmtheit; insofern gebührt der ungeraden Zahl der Vorrang, und in der Eins, überhaupt der Urzahl, fallen die Gegensätze zusammen. Von diesen beiden Prinzipien sind alle Seinsgattungen erfüllt:

«Von diesen, den beiden ersten Prinzipien nach der unergründbaren und allumfassenden Wirkursache des Einen, gewann alles andere Bestand und auch das mathematische Sein... Die Zahl, mit der Einheit beginnend, hat die Möglichkeit, sich ins Ungemessene zu mehren, aber immer ist die gewählte begrenzt und ebenso geht die Teilung der Raumgrößen ins Unendliche... Es kann also die Mathematik ebenso wenig wie die anderen Seinsgattungen die beiden Prinzipien entbehren.» (Proklos, 165f.)

b) Die Denker des Unendlichen: Nicolaus Cusanus und Giordano Bruno

Ähnlich wie Kepler legt sich auch *Nikolaus von Kues* oder *Cusanus* (1401–1464) die philosophische Grundfrage vor: Wie muß die menschliche Erkenntnis beschaffen sein, um sich dem unendlichen Gott nähern zu können? In seinen vorwiegend metaphysischen Fragen gewidmeten Schriften hat er die Grenzziehung zwischen Theologie und Wissenschaft, zwischen dem Endlichen und dem Unendlichen überschritten, mußte also schon von seinem methodologischen Ansatz her das Interesse Keplers wecken.

Nirgendwo deutlicher als in der Darstellung des aus dem Urgrund sich entfaltenden Universums wird diese cusanische Grenzüberschreitung sichtbar. In der Postulierung einer unbegrenzten Welt hat Cusanus neue Fragen für die Kosmologie aufgeworfen, die auf die nachfolgende Zeit einen erheblichen Einfluß ausgeübt haben. Jedoch wird die Kosmologie von ihm nicht als ein spezielles wissenschaftliches Gebiet behandelt. Vielmehr ist sie in die Gesamtheit der Gott-Mensch-Welt-Beziehungen eingebunden und wird von ihm als eine Ausformung seiner wichtigsten philosophischen Grundsätze verstanden.

Das signifikanteste Element ist die Koinzidenz der Gegensätze (*coincidentia oppositorum*), mit dem gewissermaßen der Logik des Unendlichen nachgespürt und damit eine Grenze für alles Endliche gesetzt wird. Es ist in dem ersten großen philosophischen Werk *De docta ignorantia* (1440) näher dargelegt. Daß die Gegensätze im Unendlichen zusammenfallen, das Größte mit dem Kleinsten, das Maximum mit dem Minimum, die Extreme also identisch sind, erscheint dem Verstandesdenken paradox, begründet aber bei Cusanus eine neue Form der philosophischen Theologie. Dieses Prinzip bildet auch den Ausgangspunkt für die weiteren Schlußfolgerungen in kosmologischer Hinsicht.

Wie groß ist der cusanische Einfluß auf das Denken Keplers gewesen?

Cusanus wird im Keplerschen Opus mehrfach genannt, ohne daß genau nachzuweisen wäre, welche cusanischen Werke Kepler gekannt hat.

In den allgemeinen naturphilosophischen Erwägungen geht er mit Cusanus von dem methodischen Prinzip aus, daß die Welt, obgleich sie in ihrer Ganzheit und Einheit als Gleichnis Gottes aufzufassen sei, in ihrer auszudeutenden Vielheit erst durch die Methode des Messens, Wägens und Zählens erfahrbar werde. Des weiteren verwendet Kepler in einem Brief des Jahres 1608 ganz im Sinne des Cusanus den Begriff der sich unterscheidenden Übereinstimmungen und erläutert seinem Briefpartner, dem Arzt *Johann Georg Brengger* in Kaufbeuren, daß auch er in seinen Arbeiten Absurditäten darstelle (KGW XVI, 141). Als Beispiel erwähnt er seine *Optik*, wo er die Gerade als die stumpfeste der hyperbolischen Linien bezeichnet. In diesem Zusammenhang verweist er ohne Angabe der Quelle (DI I.13) auf die cusanische Darlegung, ein unendlicher Kreis sei die Gerade, und fügt, wiederum ohne die Quelle zu nennen (*De beryllo*, IX), als weiteres Beispiel hinzu, daß die Geometer denjenigen Winkel als den kleinsten aller spitzen Winkel ansehen, dessen Linien zusammenfallen.

Hat Kepler Cusanus vielleicht doch ausführlicher gelesen, als von der Kepler-Forschung bisher angenommen wurde?

Dietrich Mahnke und, von ihm beeinflußt, *Max Caspar* schließen das weitgehend aus. Sie erwähnen zwei cusanische Gedanken, von denen sich Kepler besonders ansprechen ließ: zum einen das Zusammenfallen der Gegensätze des Geraden und Krummen im Unendlichen und zum anderen die Veranschaulichung der göttlichen Dreifaltigkeit am Kreis. Als Quellen werden zwei weniger bekannte Schriften des Cusanus angegeben, die Schriften *De mathematica perfectione* und *De Complementis theologicis*. Demnach hätte Kepler die Hauptwerke von Cusanus, im besonderen *De Docta ignorantia* nicht gekannt (Mahnke 1937).

Doch führt Cusanus bereits in *De docta ignorantia* aus, die gekrümmte Linie habe ihr Sein von der unendlichen Linie, also vom Unendlichen her (DI II.2), die absolute Einheit des Universums sei nichts anderes als die göttliche Trinität (DI II.7), und die Dreifaltigkeit bilde sich in der unendlichen Linie ab, die zugleich Dreieck, Kreis und Kugel sei (DI I. XV u. XIX).

Es dürfte für Kepler nicht schwer gewesen sein, in einer der gut ausgestatteten Bibliotheken, die ihm zur Verfügung standen, Einblick in diese cusanische Abhandlung zu nehmen. Das Werk wurde erstmals 1488 gedruckt. Im Jahr 1565 erschien in Basel sogar eine Werkausgabe des Cusanus. Auffallend ist auch Keplers Interesse an der astronomischen Fachliteratur in der Kues-Bibliothek. Darüber erhielt er von dem Mainzer Jesuiten *Reinhard Ziegler* genaue Auskunft (KGW XV, 330).

Cusanus hat u. a. auch Paracelsus, Bruno und Leibniz erheblich beeinflußt. An dieser Stelle ist besonders *Giordano Bruno* (1548–1600) mit seiner spekulativen Kosmologie von Interesse. Seine noch über Cusanus hinausgehende Lehre von der Unendlichkeit des Universums und von der Vielheit ferner Welten hat Kepler dem Umriß nach gekannt, jedoch ohne nähere Kenntnis des naturphilosophischen und theologischen Zusammenhangs schroff zurückgewiesen. Er bezeichnet den Nolaner als einen unglücklichen Menschen, *ille infelix*, der zwar standhaft seine Verbrennung ertragen, jedoch die Nichtigkeit aller Religion behauptet und das göttliche Wesen in die Welt, in Kreise und Punkte umgewandelt habe (KGW XVI, 142).

Die nähere Begründung für Brunos Verurteilung durch die Inquisition ist bis heute nicht bekannt, aber wir wissen immerhin, daß der ehemalige Dominikanermönch auf der Grundlage von acht als häretisch bezeichneten Lehrsätzen verurteilt wurde, die von *Roberto Bellarmino* zusammengestellt waren. Auf der Liste der strittigen Punkte, auf die hin Bruno befragt wurde, befanden sich auch in kosmologisch-naturphilosophischer Hinsicht brisante Lehren, die der kirchlichen Lehrmeinung zuwiderliefen: die Rechtfertigung der Erdbewegung, die Auffassung, die Erde sei ein beseeltes Wesen, und die Lehre von der Vielheit der Welten (Blum 1999).

Offenbar beeinflußt von Brunos kosmologischen Spekulationen hat *Edmund Bruce*, ein Kepler recht gewogener englischer Naturforscher aus dem Gelehrtenkreis um Galilei, im Jahr 1603 zu dieser Thematik an den kaiserlichen Mathematiker geschrieben (KGW XIV, 450f.). Auch Bruce schreibt von den unendlich vielen Welten und bezeichnet die Fixsterne als Sonnen, schließt dann aber einige Sätze zur Himmelsphysik an – so über die Rotation der Sonne –, die Keplers eigenen Überlegungen dieser Zeit überraschend nahe kommen. Kepler selbst hat den Brief wohl wegen der Anknüpfung an Brunos Spekulationen zunächst beiseitegelegt, in einer späteren Randbemerkung aus dem Jahr 1610 die Ausführungen zur Himmelsphysik aber positiv hervorgehoben.

c) Die Lehren des Copernicus

Im Übergang vom Spätmittelalter zur Neuzeit markiert das Werk von Copernicus den Beginn einer neuen Epoche, anfangs nur für Astronomie und Kosmologie, in der weiteren Ausdeutung dann überhaupt für das menschliche Welt- und Seinsverständnis. Im Zusammenhang mit den wirtschaftlichen Entwicklungen, mit den geographischen Entdeckungen und kolonialen Eroberungen des okzidentalen Europas und mit der kulturellen Blüte des Humanismus tragen die Lehren des Copernicus in ihren weltanschaulichen Auswirkungen zum Umbruch des Weltbildes, mit dem wir den Beginn der Neuzeit datieren, entscheidend bei.

Nicolaus Copernicus (1473–1543), Universalgelehrter im Zeitalter des Humanismus, Arzt, Münzsachverständiger und Domherr zu Fraunburg (Frombork), hat, geschult an den naturphilosophischen Disputationen der Spätscholastik und vertraut mit den an den Neuplatonismus anknüpfenden kosmologischen Spekulationen, bedeutsame Schlußfolgerungen für die neue Kosmologie des heliozentrischen Weltsystems gezogen. Zweifellos hat diese *Tat des Copernicus* einen grundsätzlichen Ansatzpunkt in der Kritik an der aristotelischen, von der Scholastik rezipierten Kosmologie gefunden.

Drei Fragestellungen sind in der copernicanischen Umdeutung bisheriger Kosmologie von entscheidender Bedeutung gewesen: das Zentrumsproblem, das Bewegungsproblem und das Endlichkeitsproblem.

Zum Zentrumsproblem: Im System des Aristotelismus hängt die Annahme der zentralen Stellung der Erde mit der naturphilosophischen Lehre von den natürlichen Orten der antiken Elemente zusammen. Dementsprechend ist die Erde geometrisches Zentrum im Sphärenaufbau des Kosmos und zugleich unterster Ort in seiner hierarchischen Struktur. Noch führt Copernicus über die Ortsbewegung in aristotelischer Manier aus:

«Da nun einmal das, was durch sein Gewicht (*pondus*) nach unten strebt, in der Hauptsache erdiger Natur ist, gibt es keinen Zweifel, daß diese Teile dieselbe Natur bewahren wie ihr Ganzes. Und kein anderes Gesetz gilt für die Dinge, die durch feuerartige Kraft in die Höhe gerissen werden.»
(*De Rev.* I.8; DR, 15)

Andererseits erkennt er wenig später die Schwere als eine natürliche Eigenschaft der Masseteilchen, die er keineswegs auf die Erde beschränken möchte, sondern überall im Planetensystem wirksam sieht:

«Ich wenigstens bin der Ansicht, daß die Schwere (*gravitas*) nichts anderes ist als ein gewisses natürliches Streben (*appetentia quaedam naturalis*) der Teile, das ihnen von der göttlichen Vorsehung des Weltenmeisters eingepflanzt ist, damit sie sich in Form einer Kugel zu einer Einheit und Ganzheit zusammenschließen. Es ist anzunehmen, daß dieses Streben (*affectio*) auch

der Sonne, dem Mond und den übrigen Planeten innewohnt, so daß sie durch diese Wirkung in der runden Gestalt, in der sie erscheinen, verharren. Sie vollenden nichtsdestoweniger auf verschiedene Weise ihre Kreisläufe.»
(*De Rev.* I.9; DR, 17)

An dieser Stelle wird die Nichtidentität von geometrischem Mittelpunkt (*centrum quantitatis*) und physischem Mittelpunkt (*centrum gravitatis*) deutlich, wovon Copernicus bereits in dem ersten Entwurf seines Systems, dem *Commentariolus* (um 1510), spricht: «Der Erdmittelpunkt ist nicht der Mittelpunkt der Welt, sondern nur der der Schwere (*gravitas*) und des Mondbahnkreises.» (CO, 10.)

Diese Diskrepanz in der Auffassung vom Zentrum löste schließlich jene Erschütterung aus, die Copernicus zur radikalen Kritik am alten Weltsystem geführt hat und ihn die Frage nach der Vereinbarkeit von Astronomie und Naturphilosophie neu aufwerfen ließ (Blumenberg 1965).

Die mathematisch ausgearbeitete Form des Weltsystems des Copernicus liegt in seinem erst im Todesjahr 1543 gedruckten Hauptwerk *De Revolutionibus orbium coelestium libri sex* (Sechs Bücher über die Umwälzungen der Himmelsbahnen) vor. Hier zeigt sich sein Denken von der platonischen Naturphilosophie, mit der er sich in Disputationen in Padua vertraut gemacht hatte, beeinflußt. In der copernicanischen Vorstellung kommt der Platonismus ganz unmittelbar in der Einführung der heliozentrischen Idee zum Ausdruck, so wenn die Sonne mit einer im Welttempel aufgestellten Lampe, die zugleich Leuchte (*lucerna*), Seele (*mens*) und Lenker (*rector*) der Welt ist (*De Rev.* I,10; DR, 20f.), verglichen wird.

Allerdings fällt das Weltzentrum auch bei Copernicus in einen masselosen Punkt ohne jede physikalische Bedeutung, nämlich in den Mittelpunkt der Erdbahn, der nicht Mittelpunkt der Sonne ist. Daran setzte dann die Kritik Keplers an, der das Zentrum des Systems in die wahre Sonne legte und den Zentralkörper als wesentlich für die astronomische wie auch *physikalische* Problemstellung begriff.

Zum Bewegungsproblem: Mit der Beibehaltung der vollkommenen Kreisbewegung für das Getriebe der Gestirne hält Copernicus an der pythagoreisch-platonischen Tradition fest. Irritiert von den Widersprüchen der verschiedenen astronomischen Bewegungshypothesen möchte er die antiken Prinzipien der Kreisbewegung und der Gleichförmigkeit der Bewegung zu neuer Gültigkeit verhelfen. Für Copernicus drückt sich in platonischer Tradition in der Kreisbewegung die Beweglichkeit einer Kugel aus, deren Gestalt die Himmelskörper als Form des einfachsten Körpers angenommen haben (*De Rev.* I.4; DR, 9). Für ihn ist die Kreisbewegung der Planetenbahnen ohne nähere Begründung einfach gegeben. Zwar zeichnet er die Mittelpunktstellung der Sonne aus, mißt ihr aber keine besondere *physikalische* Bedeutung zu.

Ganz anders dagegen Kepler, der sich intensiv mit der scholastischen Bewegungslehre auseinandersetzen mußte, um aus deren Kritik den argumentativen Rahmen für die Einführung neuer physikalischer Erklärungsprinzipien zu finden.

Zum Endlichkeitsproblem: Mit der spätantiken Kosmologie hält auch Copernicus immer noch an der geschlossenen Welt von endlicher Ausdehnung fest, hält die Entfernung zur äußeren Fixsternsphäre aber doch für so groß, daß er von der «Unermeßlichkeit des Himmels» (*immensitas coeli*) spricht (*De Rev.* I,6; DR, 11f.). In der weiteren Ausführung seines Werkes läßt er gar die Unendlichkeit des Himmels als Gedankenspiel zu, möchte aber die Klärung der Frage, ob die Welt endlich oder unendlich sei, lieber den Naturphilosophen überlassen (*De Rev.* I.8; DR, 15). Die Unermeßlichkeit des Kosmos hatte schon *Ptolemaios* vermutet, indem er umgekehrt die Ausdehnung der Erde zur Entfernung von der Fixsternsphäre nur in dem «Verhältnis eines Punktes», also für die sinnliche Wahrnehmung als unmerklich klein, annahm (*Almag.* I.6; PT, 15).

Jedenfalls blieb in dem copernicanischen Weltentwurf die Annahme einer endlichen Welt ein unbewiesenes Postulat, wie auch umgekehrt die spekulative Erörterung einer unendlichen Welt *empirisch* nicht zu widerlegen war, wenn sie auch dem christlichen Verständnis der Zeit, die Welt sei endlich und die Erde der zentrale Ort eines einzigartigen Heilsgeschehens, zutiefst widersprach. So war die Öffnung der Fixsternsphäre zum Unendlichen hin, wie sie der Oxforder *Thomas Digges* im Jahr 1576 postulierte, durchaus eine denkbare Konsequenz des copernicanischen Werkes. Die Hypothese von einem unendlich großen Universum wurde dann von Bruno in Anlehnung an Cusanus und möglicherweise auch unter dem Einfluß von Digges mit großer Leidenschaft vertreten.

In einer einfacheren *kosmologischen* Lesart besitzt die copernicanische Schwankung zwischen Unermeßlichkeit und Unendlichkeit

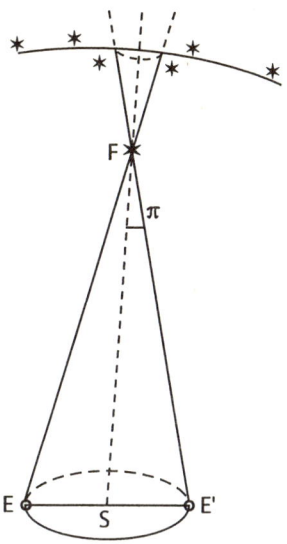

Abb. 9: Jährliche Fixsternparallaxe π als der Winkel, unter dem die halbe Erdachse ES vom Fixstern F aus erscheint; abgeleitet aus Richtungen zu F von unterschiedlichen Erdstellungen E, E' gegen schwache Vergleichssterne.

der Fixsternsphäre allerdings einen weniger dramatischen Stellenwert. Hier müßte zur Lösung des anstehenden Problems die Klärung der Frage genügen, ob die jährliche Erdbewegung eine perspektivische Verschiebung der Fixsternörter im halbjährigen Rhythmus zeigt und sie sich so gewissermaßen an den Fixsternen widerspiegeln würde (*Abb. 9*).

Kepler hat für diesen empirischen Nachweis ab 1598 nach geeigneten Beobachtungen Ausschau gehalten (KGW III, 191f.). Aber erst rund zweieinhalb Jahrhunderte später konnte die Fixsternparallaxe gemessen werden, ohne daß damit das kosmologische Unendlichkeitsproblem abschließend beantwortet worden wäre.[1]

Für Keplers pythagoreisch-platonische Weltsicht konnte allerdings nur der endliche Kosmos ein akzeptables Bezugssystem für die harmonische Ausgestaltung der *forma mundi* bereitstellen. Hierfür war die wiederbelebte antike Idee von der harmonischen Anordnung der Teile der Welt konstitutiv, die sich schon ansatzweise bei Copernicus findet, so wenn er zwischen der Bewegung und Größe der Planetenbahnen eine Harmonie und «bewundernswerte Symmetrie der Welt» erblickt. (*De Rev.* I.10; DR, 21). Hierauf bezieht sich die *ratio prima*, die bereits in Richtung des dritten Keplerschen Gesetzes weist: «Niemand wird eine zutreffendere Regel (*ratio*) beibringen als die, daß die Größe der Bahnen an der Dauer der Umlaufszeiten gemessen wird.» (*De Rev.* I,10; DR, 19f.)

Ihrer Entstehung nach beruht die copernicanische Lehre vor allem auf dem Prinzip, eine möglichst einfache und zweckmäßige Erklärung für die Planetenastronomie bereitzustellen. Der von dem Werk ausgehende Impuls, die Naturerkenntnis mehr auf der Kategorie der Quantität zu begründen, entsprach dem Diktum der Renaissance, alles Zählbare zu zählen und alles Meßbare zu messen. In den neu berechneten Planetentafeln *Tabulae Prutenicae* (1551) von *Erasmus Reinhold* wurden die Parameter und Tabellen für weitere quantitative Berechnungen auf copernicanischer Grundlage bereitgestellt. In diesem bald eifrig benutzten Tafelwerk wurde die copernicanische Lehre allein als Rechenhypothese verwendet, ganz entsprechend den von *Andreas Osiander* hinzugefügten, von Copernicus aber nicht autorisierten Erläuterungen in einer Vorrede an den Leser:

«Es ist nicht erforderlich, daß diese Hypothesen wahr, ja nicht einmal, daß sie wahrscheinlich sind, sondern es reicht schon allein aus, wenn sie eine mit den Beobachtungen übereinstimmende Rechnung ergeben.» (DR, 537)

Fand also schon bald nach dem Tod von Copernicus seine Hypothese in den astronomischen Rechnungen aus eher praktischen Gründen eine gewisse Verbreitung, so traten die philosophische Bedeutung und die theologische Brisanz erst allmählich hervor.

Kepler hat sich von Anfang an zur copernicanischen Lehre bekannt und sich auch durch theologische Einwände und Vorbehalte nicht davon abbringen lassen. In seiner Ausarbeitung der neuen Astronomie hat er die heliozentrische Konzeption noch strenger gefaßt und auf ihrer Grundlage seine gleichermaßen physikalisch-kosmologische und harmonikale Weltsicht konzipiert.

d) Naturphilosophische Gedanken von Scaliger

Julius Caesar Scaliger (1484–1558), eigentlich Bordonius, studierte die aristotelische Naturphilosophie im Anschluß an *Averroës* (1126–1198) in Padua und wirkte als Naturphilosoph und Arzt in Italien und Frankreich. Im Jahr 1557 veröffentlichte er seine «Übungen, die gemein faßlichen philosophischen Wissenschaften betreffend» unter dem Titel «Exotericarum Exercitationum lib. XV De Subtilitate ad Hieronymum Cardanum». In dem Werk werden in einer umfassenden Kritik entsprechende naturphilosophische Ausführungen des italienischen Mathematikers und Philosophen *Hieronymus Cardanus* (Cardano) (1501–1576) aus dessen «De Subtilitate Libri XXI» (Paris 1550) erörtert. Darin vertritt Cardanus die Idee des Hylozoismus, d. i. die Vorstellung, Leben oder das Vermögen der Selbstbewegung des Lebendigen als Eigenschaft der Materie anzusehen. Dieser Ansicht widerspricht Scaliger mit seiner vom platonischen Denken beeinflußten Lehre der bewegenden Intelligenzien.

Zu den in Scaligers Werk behandelten Themen gehören u. a.: Allgemeine naturphilosophische Fragen, Weltseele und Schöpfung, Elemente und ihre Bewegung, Mechanik, Allgemeine Geographie, Materie und Seele des Himmels, Himmelskörper, Metalle, Steine und Magnet, Pflanzen und Tiere, der Mensch: sein Scharfsinn, Affekte, Sprache und Liebe und schließlich die geheimen Wesenheiten, wie die Attribute Gottes.

Scaliger hat – wie bereits in Teil I ausgeführt – das Denken des jungen Kepler beeinflußt. Bei Keplers Untersuchungen über die Ursache der Planetenbewegung, hier im Übergang von der Annahme eines seelischen Prinzips bis zur vorsichtigen Formulierung eines Kraftbegriffs, ist in der Begrifflichkeit noch der Einfluß Scaligers erkennbar, so wenn Scaliger die Bewegung eines Körpers durch die Seele erläutert (*Exercit.* 307.13; Scaliger 1557, 940) oder wenn er darlegt, daß Geistkräfte die Bahnkreise bewegen:

«Die dritte Leistung der Geistkräfte (*intelligentiae*) ist die Bewegung der Bahnkreise. Die bewegende Geistkraft der ersten Bahn leistet das allein durch das Begreifen (*intellectio*) ihrer selbst. Zu dem Verstehen kommen nicht nur das folgende Verlangen (*amor*) und die Übereinstimmung hinzu, sondern auch die Anstrengung, so daß jene Masse des Himmels im Kreis herumgeführt wird.» (*Exercit.* 359.8; Scaliger 1557, 1100)

Auch in anderen naturphilosophischen Fragen findet Kepler Anregungen zu eigenen Überlegungen, so bei der Frage der Entstehung der Gezeiten des Meeres. Für Scaliger ist klar, daß diese durch den Mond hervorgerufen werden, wie etwa das Anschwellen des Meeres bei Vollmond durch das eigentümliche Mondlicht bewirkt werde (*Exercit.* 52, Scaliger 1557, 197).

Für Keplers Denken bietet das Werk erste Ansatzpunkte für die Erarbeitung seiner eigenen, physikalisch begründeten Kosmologie der Prager Zeit.

e) Die magnetische Lehre von Gilbert

Bereits Copernicus hat auf Erscheinungen des Magnetismus zurückgegriffen, um astronomische Phänomene zu veranschaulichen, so bei der Erklärung der Himmelspole, deren feste Richtung er mit der Ausrichtung einer von einem Magneten bestrichenen Eisennadel vergleicht (CO, 14). Kosmo-magnetische Vorstellungen dieser Art wurden im Zusammenhang mit der Erfindung der Magnetnadel im 12. und 13. Jahrhundert entwickelt und besonders in der frühen Neuzeit weiter ausgebaut. Einer der wichtigsten Autoren, der über die magnetischen Polaritäten geschrieben hat und auch von Kepler rezipiert wird, ist *Petrus Peregrinus* (Pierre de Maricourt) aus dem 13. Jahrhundert. In einem Sendschreiben, das erstmals 1588 als «Libellus de Magnete» gedruckt wurde, werden u. a. die Natur des Magnetsteines und die Verfertigung einer Magnetnadel behandelt (Günther 1888, 249f.).

In seinen Vorstellungen vom Magnetismus, der eine wichtige Rolle in der Konzeption seiner Himmelsphysik spielt, ist Kepler aber vor allem von den Lehren Gilberts beeinflußt. *William Gilbert* (1544–1603), englischer Arzt, Mitglied und ab 1599 auch Präsident des Royal College of Physicians, veröffentlichte im Jahr 1600 ein Werk über den Magnetismus in sechs Büchern (*De Magnete*). Darin erläutert Gilbert Versuche mittels kleiner kugelförmiger Magneten, die er kleine Erden (*Terrellae*) nennt. Aus seinen Experimenten mit diesen Magneten schließt er darauf, daß die Erdkugel selbst ein großer Magnet sei:

«Die Erdkugel ist magnetisch und darüber hinaus ein Magnet. Ein Magnetstein bei uns hat alle ansehnlichen Kräfte (*vires primariae*) der Erde, die Erde aber bleibt durch dieselben Wirksamkeiten (*potentiae*) im Weltall in einer festen Richtung.» (DM, 39)

Bewegungen der Himmelskörper werden auf Wirkungen magnetischer Kräfte zurückgeführt, so die Präzession der Äquinoktien und die Veränderung der Schiefe der Ekliptik. Ohne ausdrücklich Copernicaner zu sein, sieht Gilbert die tägliche Erdumdrehung als erwiesen an, weil sich die mögliche Wirbelbewegung des Magnetsteines in der Rotation der Erde widerspiegele:

«Wir behaupten, daß die wirkliche Erde eine feste, mit dem Erdkörper (*tellus*) homogene Substanz hat, fest zusammenhängend ist und daß sie – wie es bei den anderen Himmelskugeln der Fall ist – mit einer besonderen und festen Form versehen ist. Durch eine bestimmte Wirbelbewegung (*verticitas*) bleibt sie in ihrer Lage und dreht sich in notwendiger Bewegung infolge eines ihr innewohnenden Drehtriebes (*volubilitas*).» (DM, 42)

Zwar spricht Gilbert nicht explizit von der Bewegung der Planeten um die Sonne, billigt ihr aber als Vermittlerin der bewegten Welt, insbesondere für den Antrieb der vorwärtsbewegten Planetenkugeln, eine herausragende Funktion im Himmelsgetriebe zu. Ein weiterer Gedanke, der Kepler ansprechen mußte, ist die Vorstellung von der beseelten Welt, die Gilbert unter Berufung auf *Hermes Trismegistos* vertritt:

«Wir halten alles in der Welt für beseelt und sind davon überzeugt, daß alle Himmelskugeln, alle Sterne und auch die herrliche Erde von Anfang an von eigenen und bestimmten Seelen gelenkt werden und ihren Trieb zur Selbsterhaltung (*motus conservationis*) haben.» (DM, 209)

Gilbert ist also in seinem Werk trotz zahlreicher empirisch-experimenteller Beschreibungen magnetischer Phänomene noch im Übergang von den magisch-psychischen Vorstellungen der hermetischen Naturphilosophie zur naturwissenschaftlichen Auffassung des physikalischen Magnetismus geblieben.

Aber gerade dadurch hat er Kepler beeindruckt und beeinflußt. Kepler hat das Werk im Jahr 1603 genauer studiert und besonders für seine himmelsphysikalische Begründung der Planetenbewegung in der *Astronomia Nova* fruchtbar gemacht. In Analogie zu Gilberts

Vorstellung von der Erde als einem Magneten gelangt Kepler zu erweiterten kosmo-magnetischen Überlegungen in der Überleitung zum Kraftbegriff seiner *physica coelestis*.

2.2 Physikalisierung der Astronomie im trinitarischen Kosmos

Keplers Kosmosvorstellung ist a priori eindeutig: Die Welt ist in sich nach harmonischen Verhältnissen strukturiert, insofern in großer Schönheit erschaffen und der Erkenntnis des Menschen über die Mathematik prinzipiell zugänglich. Wohl umfassen empirische Beobachtung und mathematische Bearbeitung die wissenschaftliche Grundlegung der Astronomie, aber erst metaphysische Spekulationen und theologische Erwägungen lassen Kepler zum Bauplan des Weltalls vordringen. Schließlich führt ihn die Fragestellung nach den Ursachen der Himmelsbewegungen zur Physikalisierung der Astronomie und damit zur Himmelsphysik als einem Kernbereich seiner Kosmologie.

Indem er die eigentliche physikalische Ursache der planetarischen Bewegung in der Rotation der Sonne annimmt, wird der Mittelpunktskörper des Systems als Dreh- und Angelpunkt in die Problemstellung einer dynamischen Planetenbewegung miteinbezogen und so das traditionelle astronomische Forschungsprogramm erheblich erweitert.

Nun ist der Sonnenkörper nicht nur Zentrum des Planetensystems, sondern überhaupt Zentrum der Welt, allerdings in einem endlichen Universum. Kepler hält also mit Copernicus an der Idee der kosmologischen Endlichkeit fest. Der Raum ist endlich, doch ist es ein Raum, der, da ein Vakuum nicht für möglich gehalten wird, stofflich-materiell ausgefüllt ist.

In das Gefüge des kosmologischen, in bezug auf ein materielles Zentrum strukturierten Raumes wird das Planetensystem eingepaßt. Zugleich werden für die Dynamik der Bewegungsabläufe verschiedene physikalische Ursachen in immer größerer Variabilität geltend gemacht. So werden schließlich die Prinzipien und Kategorien der Keplerschen Himmelsphysik immer genauer dargelegt und immer feiner aufeinander abgestimmt.

a) Sonnenmetaphysik, kosmologischer Raum

Den Ausgangspunkt der Überlegungen zur Dynamik der Bewegungsabläufe im Planetensystem bilden metaphysische wie theologische Erwägungen über die zentrale Stellung der Sonne. In dieser Weise ist Kepler nach Copernicus überhaupt der erste Naturforscher, der die Idee des Heliozentrismus zum leitenden Prinzip seines Forschungsprogramms erhoben hat. Schon frühzeitig ist Kepler von der Richtigkeit, Zweckmäßigkeit und Schönheit des copernicanischen Weltsystems überzeugt, hat er doch bereits während seines Magisterstudiums in Tübingen in Anlehnung an die copernicanisch-platonische Lobpreisung der Sonne die herausragende Stellung und die besonderen Qualitäten dieses Himmelskörpers als «Ursprung, Darsteller aller Farben (obwohl frei von Farbe), König der Planeten hinsichtlich der Bewegung, Herz der Welt hinsichtlich Wert, Auge hinsichtlich Schönheit» enthusiastisch gefeiert (KGW XX.1, 148).

Noch einen Schritt weiter gehend vergleicht Kepler die Qualitäten der Sonne mit Attributen Gottes, indem er die theologisch-platonischen Deutungen der Selbstschau Gottes in der Schöpfung und der göttlichen Dienerschaft heranzieht: Wie der Ruhm der von Gott geschaffenen Kreaturen von diesen zu ihm zurückkehrt, so beleuchtet die Sonne, indem sie alles erhellt und das Licht zu ihr reflektiert wird, auch sich selbst. Ebenso dient sie den anderen Himmelskörpern, so wie Gott der ganzen Welt dient (KGW XX.1, 149).

Dieses Herz der Welt, so schreibt Kepler auf deutsch, muß als ein *Instrument Gottes* notwendigerweise eine gebührende Stellung einnehmen:

«Nun laugnet mans nit, das der Ursprung von Gott sey: wie aber in eim lebendigen Ding ... neben der sehlen auch ein glid ist, das ursprünglich der seelen gewidmet..., nämlich das Hertz, also würt er (Aristoteles) nit laugnen, das auch die sonne ein solliches instrument Gottes sey, und würt Ir derowegen Ir gebürende stelle vergunnen müeßen.» [2] (KGW XX.1, 163)

All diese Huldigungen kulminieren mit dem Epilog über die Sonne der *Harmonice Mundi* von 1619 in einen euphorischen Überschwang des Forschers, der am Abschluß seines großen Werkes den Schöpfungsplan geschaut zu haben überzeugt ist. Hier knüpft Kepler an *Proklos'* «Hymne an die Sonne» an und erkennt in der Sonne den Sitz des «Geistfeuers oder des Nous, die Quelle der Harmonie, ja das Königsschloß des ganzen, vom Schöpfer so eingerichteten Naturreiches» (KGW VI, 307f.).

Die Sonne ist körperhaftes Zentrum der ganzen endlichen Welt, die in großer Entfernung von den Fixsternen als der äußersten Himmelsschicht abgeschlossen ist.

Für Kepler ist die Welt nach Archetypen geschaffen, nach Urbildern, die Gott im Schöpfungsprozeß aus sich herausgesetzt hat. Indem diese Archetypen als mathematische Dinge aufgefaßt werden, die Gott von Ewigkeit her in sich trug, ist prinzipiell das Mathematische der Grund für das Naturhafte (KGW VIII, 62). Wirklich – und so auch leitend für die Materialisierung der Welt in der Keplerschen Raumauffassung – werden die Archetypen über die Konkretisierung der «materiell betrachteten Quantitäten». Es war also der Körper, den Gott im Anfang erschaffen hat. So ist *die Materie* die erste Wesenheit nach Gott (KGW XX,1, 30).[3] Die Existenz des Räumlichen ist an ein Körperhaftes gebunden; denn ein Raum ohne Körper ist eine reine Negation (KGW VIII, 65). Ein leerer Raum ist schlechthin ein Nichts, das weder erschaffen ist, noch bestehen kann, noch irgend einem Ding Widerstand leistet, sich dort aufzuhalten. Ein Raum ist vielmehr erst in bezug auf die vorhandenen Körper existent (KGW VII, 46).

Umgekehrt kann ein unendlicher kosmologischer Raum wegen der erforderlichen Raumausfüllung nicht sein, weil weder ein Stern aktual eine unendlich große Ausdehnung haben kann, noch unendlich viele Sterne existieren können.

Darin liegt überhaupt das wichtigste Argument Keplers gegen die Annahme eines unendlich großen Universums. Da zu seiner Zeit noch weitgehend daran festgehalten wird, die Welt der sichtbaren Fixsterne sei die äußerste Grenze des Kosmos, er andererseits den Fixsternen einen endlichen Durchmesser von wenigen Bogenminuten zumißt, müßten also bei einer unendlich großen Fixsternsphäre etliche Fixsterne unendlich groß werden und dementsprechend eine unendlich große Masse besitzen. Das aber würde jeder Erfahrung, die sich allein auf das Messen endlicher Größen stützt, widersprechen (KGW I, 256f.).[4]

Eine begrenzte Welt kann nur sphärische Gestalt besitzen, und zwar aus zwei eher metaphysischen Gründen: Zum einen ist die Kugel die Form maximalen Inhalts, und zum anderen ist «die Kugelfläche Gott, dem Archetypus der Welt, am ähnlichsten» (KGW VII, 47).

Hier erhält Keplers kosmologische Raumauffassung vollends eine theologische Dimension, indem die Welt, gleichermaßen genommen als ein Ruhendes wie als ein sphärisch Krummes, als Abbild des göttlichen Wesens begriffen wird. An der Kugelfläche offenbart sich in der Abbildung des dreieinigen Gottes ein *trinitarischer Symbolismus*: Die Abbildung von Gott-Vater symbolisiert sich durch das Zentrum, die des Sohnes in der Nachahmung der ewigen Erzeugung durch das Ausfließen des Mittelpunktes an unendlich viele Punkte der Oberfläche der Kugel und die des Heiligen Geistes, der sich in den Körper ergießt, durch die Gleichheit der Lagebeziehung zwischen Mittelpunkt und Oberfläche (vgl. u. a. KGW I, 23; KGW VI, 224; KGW VII, 258).

Diese Symbolhaftigkeit zeichnet, wie Kepler bereits im Jahr 1595 in einem Brief an Maestlin ausführt, ebenso das Bild des Universums aus: Die Sonne im Zentrum ist Abbild des Vaters. Sie teilt die Bewegungskraft durch den Zwischenraum mit, so wie Gott tätig ist durch den Geist. An der Oberfläche schließlich bilden die Fixsterne, Abbild des Sohnes, den Raum, wodurch die Tätigkeit des Geistes in der Aura oder im Äther-Raum möglich wird (KGW XIII, 35).

Daran schließt sich die nähere spekulative Begründung in einer analogen Betrachtung an: Die Sonne als Quelle der Bewegung «zeigt das Abbild des Vaters, des Schöpfers. Denn was bei Gott die Schöpfung, das ist bei der Sonne die Bewegung. Und wie der Vater der Schöpfer ist im Sohn, so ist die Sonne das Bewegende innerhalb der Sphäre der Fixsterne. Denn wenn nicht die Fixsterne durch ihre Ruhe einen Raum schaffen würden, so könnte nichts bewegt werden... Die Sonne aber teilt die Bewegungskraft durch den Zwischenraum hin aus, in dem sich die Wandelsterne befinden: so ist der Vater als Schöpfer tätig durch den Geist oder durch die Kraft des Geistes» (KGW XIII, 35).

Einen weiteren Argumentationsstrang für die Annahme des trinitarischen Symbolismus entwickelt Kepler in seinen optischen Untersuchungen, näherhin in der Darlegung der besonderen Qualität des lichtspendenden sphärischen Körpers der Sonne. Indem das Licht aus dem Zentrum entlang der Radien zur Oberfläche dringt, die Sonne ganz erfüllt und von dieser nun nach allen Richtungen verteilt wird, ist sie selbst Abbild der Trinität (KGW II, 201). Sie stellt also gleichermaßen Lichtquelle, Licht und Beleuchtetes dar und besitzt so alle Merkmale, die nach scholastischer Auffassung dem Wesen des Lichts zukommen und nun bei Kepler das Wesen des Göttlichen symbolisieren.

Auch im weiteren Ausbau seiner Kosmologie spielt bei Kepler die Idealfigur des Sphärischen eine wesentliche Rolle. Die Sonne mit allen Planeten einschließlich der Erde befindet sich in der Mitte eines großen gewölbeartigen Hohlraumes, dessen äußere Begrenzungsschicht von den Fixsternen gebildet wird. Dies schließt Kepler in spekulativer Weise aus der Wahrnehmung des Sternenhimmels; denn dieser bietet überall etwa den gleichen Anblick. Jenseits alles Sichtbaren versagt jedoch der Gesichtssinn, und das Nichtsichtbare betrifft nicht mehr die Astronomie (KGW VII, 44f.). In endlicher Entfernung umspannt die Schicht der Fixsterne wie eine Haut (*cutis*) oder Hülle (*tunica*) die Welt und ist gleichsam eine feine überhimmlische Kristallsphäre (KGW VII, 288).

Aufgrund der Galileischen teleskopischen Entdeckungen am Himmel ändert Kepler seine Ansicht über die Beschaffenheit der Fixsterne zugunsten von *Giordano Bruno*. Seine frühere Auffassung, die Fixsterne würden das Licht der Sonne reflektieren, läßt er fallen, weil diese nach dem Zeugnis von Galilei Lichtfiguren zeigen statt der Kreisfiguren der Planeten (KGW IV, 302). Kepler gibt auch gleich die Ursache für dieses Phänomen an: Die Fixsterne senden ihr Licht aus dem Inneren aus. Daher sei mit Bruno als richtig anzunehmen, daß alle Fixsterne Sonnen seien (KGW IV, 305).

Sie bilden einen gewaltigen Hohlraum von sphärischer Gestalt, gewissermaßen einen konkaven Spiegel, in dessen Zentrum die Sonne steht (*Abb. 10*).

Indem nun ihr Licht zwar nicht von einzelnen Fixsternen, aber von ihrer sphärischen Gesamtheit zur Sonne zurückgeworfen wird, betrachtet sie sich gleichsam selbst, so wie in der göttlichen Symbolik der Vater sich an dem Bild seines Sohnes – der Oberfläche der Fixsternsphäre – erfreut (KGW VII, 263f.).

Durch derartige Überlegungen bekräftigt Kepler seine Zuversicht, daß die neuplatonisch-theologische Argumentation zugunsten eines strengen Heliozentrismus zwingend die Endlichkeit des Universums erfordert.

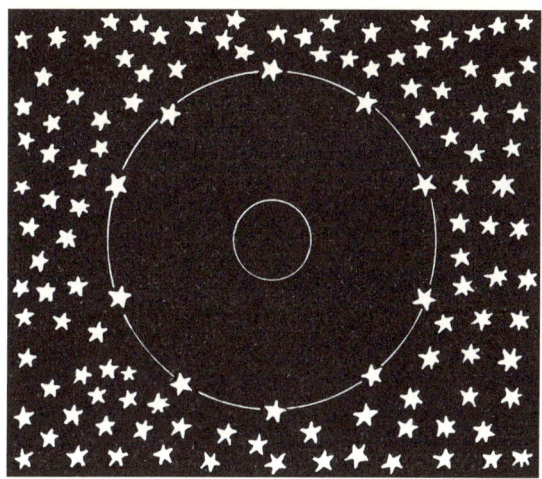

Abb. 10: Hohlraum der Fixsterne mit der Sonne im Zentrum.

b) Polyederschaltung, Raumausfüllung

Kepler, zum Theologen bestimmt, dann aber zum bedeutendsten Astronomen seiner Zeit aufgestiegen, hat in seinen Forschungen und Weltbetrachtungen beide Sichtweisen, die theologische und die kosmologische, miteinander verbunden. Sein Selbstverständnis ist schließlich das eines «Priesters am Buch der Natur», dessen vornehmste Aufgabe es ist, den Schöpfer in der Astronomie zu preisen. Von der Idee erfüllt, daß dieser alle Dinge nach Maß und Zahl geschaffen habe, sinnt Kepler den Strukturen der Kosmologie, wie er sie dann in seinem Jugendwerk darstellt, gewissermaßen im Geiste Gottes nach:

«Was ist die Welt, aus welchem Grund, nach welchem Plan ist sie von Gott erschaffen? Woher nahm er Zahlen, woher die Norm für seine gewaltige Schöpfung? Woher die Sechszahl der Planeten, woher die Intervalle zwischen ihren Bahnen? Warum ist der Sprung zwischen Jupiter und Mars, die doch nicht die äußersten Planeten sind, so groß?» (KGW XIII, 48)

Den ersten, spontanen Einfall zur Beantwortung dieser metaphysisch-theologisch formulierten Fragen zur Kosmologie gewinnt

Kepler aus der geometrischen Betrachtung der aufeinander folgenden, im Tierkreis in Dreiecksform angeordneten großen Konjunktionen von Saturn und Jupiter, also aus einer genuin astronomischen Problemstellung seiner Zeit. Dieser Ansatz führt ihn schließlich zu den fünf regulären Körpern, die nun zwischen die sechs hier als Sphären angenommenen Planetenbahnen geschaltet sind: Die Innenfläche einer je äußeren Sphäre wird einem Körper umschrieben, die Außenfläche der folgenden inneren Sphäre dem Körper einbeschrieben. Dieses Schaltschema drückt Kepler in aller Kürze folgendermaßen aus:

«Die Erdbahn ist das Maß für alle anderen Bahnen. Ihr umschreibe ein Dodekaeder; die dieses umspannende Sphäre ist der Mars. Der Marsbahn umschreibe ein Tetraeder, die dieses umspannende Sphäre ist der Jupiter. Der Jupiterbahn umschreibe einen Würfel; die diesen umspannende Sphäre ist der Saturn. Nun lege in die Erdbahn ein Ikosaeder; die diesem einbeschriebene Sphäre ist die Venus. In die Venusbahn lege ein Oktaeder, die diesem einbeschriebene Sphäre ist der Merkur. Da hast du den Grund für die Anzahl der Planeten.» (KGW I, 13; vgl. *Abb. 3*)

Ausdrücklich wird die Sechszahl der Planeten nicht zur Heiligkeit der Zahl 6 in Beziehung gesetzt, also aus der Zahlenmystik begründet. Der Aufbau der Welt in der Vollkommenheit der Schöpfung kann sich für Kepler allein nach bestimmten geometrischen Verhältnissen, nicht aber nach Zahlen richten, «die erst eine besondere Bedeutung aus Dingen, die nach der Welt enstanden sind, erlangt haben» (KGW I, 10).

Später hat Kepler die Polyederschaltung aus seiner Theorie der Raumausfüllung noch eleganter zu begründen versucht, wobei er im Anschluß an *Euklids* «Elemente» eine kategoriale Neubestimmung geometrischer Grundlagen vornimmt. Ebenso knüpft er in Nuancen auch an die «Metaphysik» von *Aristoteles* an, obwohl er dessen Grundannahme von der Ewigkeit der Welt aus christlicher Überzeugung prinzipiell ablehnt. Nach Aristoteles erfährt der Stoff durch die Form eine Art Beseelung, die auch leblosen Substanzen zukommt. Indem Kepler diesen Aspekt der aristotelischen Naturauffassung bejaht, stimmt er ebenso dem Prinzip der *facultas formatrix* zu, demzufolge der Stoff von innen her durch das Wirken eines materiellen Formvermögens gestaltet wird.

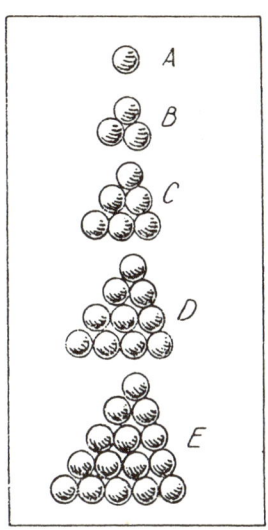

Abb. 11: Kugelpackungen aus Keplers Werk über die Schneekristalle von 1611.

Der unlösbare Zusammenhang zwischen Stoff (Materie) und Form ist besonders für die Untersuchung der Sechseckform der Schneekristalle in seinem Werk *Strena seu de nive sexangulo* (1611) erkenntnisleitend gewesen (KGW IV, 259–280). Diese Fragestellung führt ihn zu dem mathematischen Problem, wie die dichteste Packung von identischen Sphären im dreidimensionalen Raum beschaffen sein muß (*Abb. 11*),[5] einem Problem, das wiederum mit der Aufgabenstellung der lückenlosen Ausfüllung der Ebene mittels regulärer Vielecke zusammenhängt.

In dem Werk *Harmonice Mundi* (1619) wird vorgeführt, wie diese Polygone mittels Zirkel und Lineal konstruiert werden. Konstruierbare Figuren, die Kepler zufolge zu den geometrischen Urbildern gehören, sind erforderlich, um geschlossene räumliche Gebilde zu schaffen. Zur Bildung eines regulären Körpers lassen sich gerade fünf Möglichkeiten finden, nämlich die fünf regulären Körper oder Weltfiguren (*figurae mundanae*) (KGW VI, 78). Eine wesentliche geometrische Eigenschaft besteht darin, daß sie mit ihren Ecken in jeweils eine Kugelfläche eingepaßt und mit den Mittelpunkten ihrer

Seitenflächen um je eine sphärische Fläche umschrieben werden können. So erscheint es überaus plausibel, daß jedem regulären Körper ein bestimmter Abstand zwischen seinen beiden Kugelflächen zukommt, so als ob ihnen «der Schöpfer die fünf Abstände zwischen jenen sechs himmlischen Sphären entnommen» hätte (KGW VI. 82).

Dieser kosmologische Entwurf, das Verhältnis der Ausmessung der Planetenbahnen von den regulären Körpern herzunehmen, kann in mittelalterlicher Tradition als ein besonderes Modell der Weltmaschine (*machina mundana*) aufgefaßt werden, mit dem das durch die göttliche Schöpferkraft gebildete kunstvolle Werk des Sonnensystems der menschlichen Erkenntnis zugänglich wird. Ganz in diesem Sinne den Mechanismus des Getriebes der Welt begreifbar zu machen, ohne diese schon *mechanistisch* zu deuten, ist Keplers Plan zu verstehen, entsprechend dem Weltmodell des *Mysterium cosmographicum* ein kunstvolles Planetarium bauen zu lassen, für das er eine detaillierte Beschreibung sowie entsprechende Skizzen (*Abb. 12*) Anfang 1598 vorgelegt hat (KGW XIII, 172ff.).

Die Schaltung der regulären Körper für die Entschlüsselung der Struktur des Weltbaues wird in der *Harmonice Mundi* noch um Prinzipien harmonikaler Art in einer noch subtileren Begründung erweitert. In dieser Weise wird dann die umfassende harmonikale Darlegung Keplers konstitutiver Bestandteil der Begründung für die *forma mundi*, für die Gestalt der vollkommenen und schönsten Welt, deren innere Dynamik in dem harmonischen Ausgleich der wirkenden Kräfte gewährleistet ist.

c) Physikalische Begründung der Himmelsbewegungen

Von der spekulativen Annahme seelisch-geistiger Entitäten zur Konzeption einer Himmelsphysik ist es nach Keplers Bekunden nur ein kleiner Schritt gewesen. Dieser Übergang zur *physica coelestis* läuft schließlich darauf hinaus, den Begriff Seele (*anima*) durch den Begriff Kraft (*vis*) zu ersetzen (KGW VIII, 113).

Aber wieviele Hindernisse haben sich diesem Vorstoß in das Neuland der Himmelsmechanik in den Weg gestellt, und wie widerspruchsvoll stellt sich schließlich die Keplersche Himmelsphysik selbst in ihren verschiedenen Ansätzen und Elementen dar! Sie hat

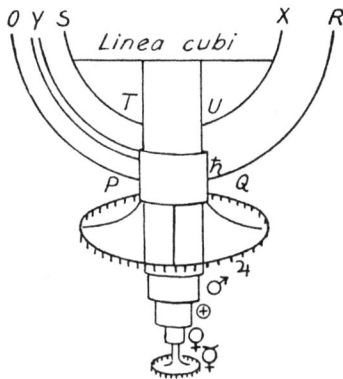

Abb. 12: Detailansicht zum Entwurf eines Planetariums aus dem Jahr 1598.

weder Befürworter noch Schüler gefunden und wurde von der Wissenschaftsgeschichte als wenig taugliche Vorstufe der Newtonschen Himmelsmechanik abqualifiziert.

Kann jedoch aus der einseitigen Blickrichtung einer Erfolgsgeschichte der Naturwissenschaften eine gerechte historische Würdigung von Bruchstellen und unsteten Übergängen wissenschaftlicher Theorieansätze gegeben werden?

Muß nicht gerade dieser verschlungene Pfad der Erkenntnissuche, den Kepler gewissermaßen aus dem Dickicht der scholastischen Bewegungslehre in Richtung der lichten theoretischen Mechanik gegangen ist, von besonderem wissenschaftshistorischem Interesse sein? Sind doch besonders seine physikalischen Untersuchungen von einer großen methodischen und begrifflichen Vielfalt gekennzeichnet.

Für die Frühzeit von Keplers Bewegungslehre sind zwei Gedanken bestimmend:

Zum einen nimmt er unter dem Einfluß von *J. C. Scaligers* Lehre von den bewegenden Seelenkräften als Ursache der Himmelsbewegung eine bewegende Seele (*anima motrix* oder *anima movens*) an, die ihren Sitz in der Sonne hat. Sie ist es, die den Himmelskörper erfaßt, mitreißt und ihm eine bestimmte Geschwindigkeit verleiht. Insgesamt werden dann die Gestirne, ohne noch an vorgegebene feste Bahnen gefesselt zu sein, durch eine «gewisse göttliche Kraft» herumgeführt (KGW I, 56). Zu der zentralen bewegenden Seele kommt noch die besondere Seele des Planeten hinzu, mit deren Hilfe er auf seiner Bahn emporzusteigen vermag (KGW I, 77).

Zum anderen faßt Kepler die Übertragung des Bewegungsantriebs (*vigor motus*), der mit zunehmender Entfernung von der Sonne abnimmt, in Analogie zur Ausbreitung des Lichtes auf. Die Umlaufbewegung der Planeten in ihrer Bahn verringert sich mit der Entfernung von der Sonne nach der Gesetzmäßigkeit, wie sich das Licht abschwächt, nämlich im Verhältnis der jeweils umschließenden Kreise. Nach außen zu müssen dann die Planeten eine jeweils größere Bahn durchlaufen, so daß die Zunahme des radialen Abstandes von der Sonne in doppelter Weise zur Vergrößerung der Umlaufzeit des Planeten beiträgt. Ganz deutlich ist Kepler in diesen Überlegungen (KGW I, 71) dem funktionalen Zusammenhang zwischen dem radialen Abstand und der Umlaufzeit der Planeten, also seinem *dritten Planetengesetz*, auf der Spur, das er aber erst ein viertel Jahrhundert später auf anderem, nämlich harmonikalem Wege ableiten sollte.

Eher nebenbei liefern derartige Überlegungen auch Argumente gegen die aristotelische Hypothese des *Ersten Bewegers*, der den Himmelskörpern eine gleiche Winkelgeschwindigkeit erteilt. Diese kann nämlich weder die Verminderung der Umlaufzeit eines Planeten mit zunehmender Entfernung vom Weltmittelpunkt (*De Caelo* II.10) erklären, noch die für die eigene Systemlogik relevante Frage beantworten (*De Caelo* II,12), warum sich die Zahl der die Planetenbewegung darstellenden aristotelischen Hilfsmittel Exzenter und Epizykel (Bahnkreis und Aufkreis) nicht proportional zur Entfernung der Planeten von der Fixsternsphäre, d.h. proportional zur Zahl der durchlaufenden Sphären, ergibt (Fellmann 1988).

Bereits hier widerspricht Kepler der aristotelischen Auffassung, alle Körper im sublunaren Bereich würden zum Weltzentrum qua Punkt streben, denn «kein Punkt, kein Mittelpunkt ist schwer» (KGW I, 56). Ein Zentrum ist auf einen ausgedehnten Körper hin bezogen, dessen Natur die Anziehung bewirkt, ähnlich wie Magnet Eisen anzieht. An dieser Stelle, noch etliche Jahre vor dem Studium des Werkes von Gilbert, zieht Kepler erstmals Phänomene des Magnetismus für den Vergleich mit der Massenanziehung heran. In einer detaillierten Untersuchung hat *Siegmund Günther* dargelegt, daß Kepler um diese Zeit bereits eingehende Studien zum Erdmagnetismus im Anschluß an *Domenico M. di Novara*, den Lehrer des Copernicus in Bologna, angestellt hat (Günther 1888).

Schon bald darauf hat Kepler, wie aus Briefen der Jahre 1598–1602 zu ersehen ist, den Begriff der bewegenden Seele (*anima motrix*) durch den der bewegenden Kraft (*virtus motrix* oder *vis motrix*) ersetzt, und zwar zuerst in der Erörterung der physikalischen Ursachen der Mondbewegung. Nun gilt ganz entsprechendes: Je weiter sich die Kraft vom Zentrum entfernt, umso schwächer wird sie, insofern sie sich über einen großen Kreis verteilt; demgemäß wird auch der Bewegungsimpuls (*motus impressio*) des Planeten kleiner (KGW XV, 121). Indem die Kraftquelle zwar das Zentrum der Sonne ist, die Kraft aber letztlich aus dem ganzen Sonnenkörper herauskommt, und zwar der Wirkung nach umgekehrt zum Quadrat der Entfernung:

$$k \sim \frac{1}{r^2},$$

ist «ganz deutlich dieselbe Gesetzmäßigkeit für die aus der Sonne heraustretenden Ströme von Licht und Kraft» gegeben (KGW XIV, 280.653–657).

Auch in dieser Vorstellung sind für Kepler nicht tote mechanische Kräfte am Werk. Wenn etwa die Mondbewegung bei der Annäherung an die Syzygien – die Verbindungslinie Erde-Sonne – sich beschleunigt, also dem astronomischen Parameter der *Tychonischen Variation* entsprechend einen zusätzlichen Schwung erhält, so erklärt sich diese Bewegungskraft (*vis movendi*) «nicht durch die äußere Kraft der Hebel, Winde und Gewässer, sondern durch die Willensäußerungen höchst vollkommener Geister» (KGW XX.1, 273).

An dieser Stelle wird die begriffliche Auseinandersetzung Keplers mit der scholastischen Naturphilosophie deutlich; noch um das Jahr 1602 hat er sich in den physikalischen Vorüberlegungen zur neuen Astronomie mit ihr beschäftigen müssen.

Zum besseren Verständnis der Problemstellung ist hier einzufügen: In der scholastischen Impetuslehre wird zur Verbesserung der aristotelischen Wurftheorie ein inneres bewegendes Vermögen (*impetus*) als eine dem bewegten Körper aufgedrückte Kraft (*vis impressa*) angenommen. Der Werfende teilt dieses Vermögen dem zu Bewegenden (*mobile*) mit; in der Bewegung hält es eine gewisse Zeit an. In der Übertragung auf die Himmelssphären wird zusätzlich zu den Geistkräften, welche im aristotelischen Sinn die Sphärenbewegungen bewirken, in den Sphären selbst ein *impetus* als unmittelbare Bewegungsursache erweckt (Dijksterhuis 1956, 203). Damit wird, wie bei dem Scholastiker *Johannes Buridan* (um 1350) an der Pariser Universität, die Annahme von himmlischen Intelligenzen hinfällig und die Kreisbewegung der Himmelssphären aus dem hier als kreisförmig wirkend angenommenen Impetus erklärt.

Bei Kepler bezeichnet im Anschluß an die Lehre vom Impetus der Terminus *nutus* die Willensäußerung oder das Verlangen, einen Körper aus seinem natürlichen Ort fortzubewegen. Diesem Verlangen setzt sich ein Widerstreben (*antispasis*) entgegen. Mit der allmählichen Erschöpfung des Impetus infolge des Widerstandes des Mediums, in dem die Bewegung stattfindet, gelangt diese zu einem Abschluß. Der Körper erreicht seine Ruhelage und verbleibt darin. Ohne äußere Einwirkung von Kräften – so die vorsichtige Formulierung Keplers eines noch unvollständigen Trägheitsprinzips – besitzt ein Körper die Neigung, in Ruhe zu verharren.

An diese Verbindung von Impetus und Trägheit also hat Kepler angeknüpft, ohne in der Trägheit bereits das Beharrungsvermögen eines Körpers zu erkennen, die eingeschlagene geradlinige, gleichförmige Bewegung fortzusetzen. Dagegen ist, so Keplers Vorstellung, infolge des natürlichen Vermögens der durch den Körper strömenden Kraft das Bestreben vorhanden, zwei gleich große getrennte, nicht fixierte Teile zu vereinigen, und zwar nach dem Gesetz der Waage, d.h. im reziproken Verhältnis der Entfernungen der Teile des Körpers vom Aufhängepunkt der Waage (KGW XX.2, 15).

In dem posthum veröffentlichten Werk *Traum vom Mond* (*Somnium*) findet sich eine bemerkenswerte Veranschaulichung für Keplers Impetus-Vorstellung (KGW XI.1, 317ff.): In der phantastischen Rahmenerzählung dieser Mondastronomie wird während einer Mondfinsternis ein Raumfahrer von Dämonen mit übermenschlichen Kräften aus der Erdschwere zum Mond hin fortbewegt. Dem Reisenden wird durch die Anstrengung der Dämonen ein fortwirkender *impetus* mitgeteilt, durch den das Schwerefeld der Erde für den Körper überwunden wird. Dessen Wesen ist in aristotelischer Tradition begrifflich als eine Art Balance bei dem Ausschlag einer Waage (*ropé*) gefaßt und entspricht dem Beharrungsvermögen des Körpers an seinem natürlichen Ort (Nobis 1971). In dieser Weise hat Kepler die physikalischen Probleme einer Mondfahrt schon vorherbedacht.

Seine Untersuchungen zur Physik des Himmels hat Kepler durch die Anwendung der Gilbertschen Lehre vom Magnetismus ab 1603 noch erheblich erweitert. Der Magnetismus wird nun als Gleichnis herangezogen, um Phänomene der Massenanziehung besser zu veranschaulichen und dann auch die Entstehung der elliptischen Planetenbewegung zu erklären. So bedient er sich ganz unterschiedlicher Erklärungsmuster, die in seiner «Astronomia Nova» von 1609 zu der in sich komplexen *physica coelestis* zusammengeführt werden.

Die Quelle der die Planeten bewegenden Kraft ist die Sonne, die zwar an ihrem Ort verbleibt, aber sich wie in einer Drehbank dreht und dabei nach Art des Lichtes einen feinstofflichen Materiestrom (*species immateriata*) aussendet, wodurch ein Wirbel zustandekommt. Mit dieser Bewegung wird der Planet mitgerissen und im Kreis herumgeführt, ohne allerdings die gesamte bewegende Kraft unmittelbar zu übernehmen. Vielmehr wird die Kreisbewegung infolge des Beharrungsvermögens des Planetenkörpers in Abhängigkeit von der Entfernung zum Kraftzentrum verzögert. Es ist also die aus der rotierenden Sonne sich kreisförmig ausbreitende Kraftemanation die primäre Ursache der Planetenbewegung. Dagegen wird die elliptische Form der Planetenbahn in zweifacher Weise erklärt:

Zum einen wird auch für den Planeten eine eigene Kraft angenommen, die diesen wie einen Nachen im reißenden Wirbel der Sonnenspezies in die Lage versetzt, sich durch den geeigneten Gebrauch seines Steuerruders den Weg von Ort zu Ort zu bahnen (*Abb. 13*).

Zum anderen wird an die Lehre vom Magnetismus, näherin an die Wirkung magnetischer Kräfte zwischen Sonne und Planet, angeknüpft. Während der Sonnenkörper so vorgestellt wird, als ob er kreisförmige magnetische Fibern besitze (KGW III, 246), wird der Planetenkörper aus magnetischen Fibern zusammengesetzt gedacht. Diese werden durch eine animalische Kraft in sich parallel und in nahezu derselben Richtung im Raum gehalten. In Wechselwirkung der magnetischen Polarisierung des Planetenkörpers mit der Direktionskraft der Sonne – in Richtung ihrer Feldlinien, wie wir heute sagen würden – führt der Planet eine Schwankung aus, die «ohne Tätigkeit eines Geistes von einer magnetischen Kraft besorgt wird» (KGW III, 355.20f.).

Zwar wirkt der Geist – so auch in späteren Ausführungen Keplers – als Bewegungsursache mit, besitzt aber in seiner Willensäuße-

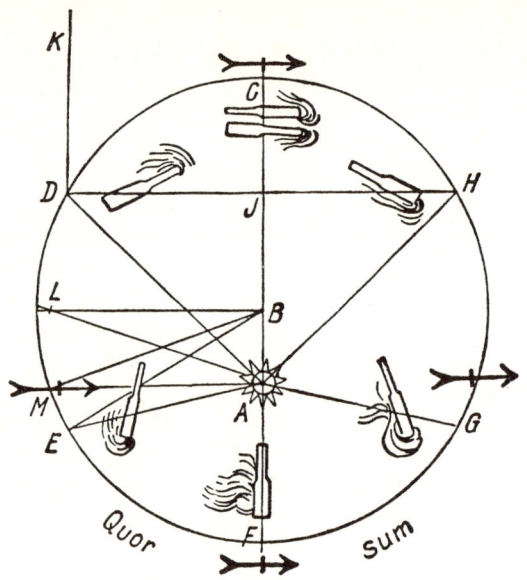

Abb. 13: Elliptische Planetenbewegung; mechanische Veranschaulichung durch Steuerruder in dem Werk «Astronomia Nova» (KGW III, 349).

rung (*nutus*) keine Bewegungskraft, die sich auf den schweren Körper übertragen ließe (KGW VII, 295). Dagegen hat der Himmelskörper ein natürliches Vermögen, sich von Ort zu Ort zu bewegen.

In der näheren physikalischen Begründung seiner Planetenastronomie hat Kepler so zwei einander ergänzende Bewegungsprinzipien angenommen: Zum einen den aus der Rotation des Sonnenkörpers hervorgehenden und in die ganze Welt ausstrahlenden Strom der immateriellen Spezies, der nun an die Stelle des aristotelischen ersten Bewegers getreten ist; zum anderen die magnetische Ausrichtung des Planetenkörpers in Wechselwirkung mit dem Magnetfeld des Sonnenkörpers. Die Spezies sind also die Träger einer Kraft oder Energie, die den Planeten aktuell ergreift und herumbewegt. Ihre Emanation erfolgt ähnlich jener des Lichtes, allerdings zeitverzögert und nicht geradlinig, und geschieht innerhalb des fein verteilten Äthers (*aura aetherea*), der wie eine Flüssigkeit das Universum erfüllt, «so daß durch ihn die Planeten und Kometen getragen werden» (KGW VII, 53.10f.).

Infolge der Trägheit der Materie folgen die Planeten nicht genau der Wirbelbewegung des Bewegers (*turbinatio motoris*), bewegen sich aber verzögert in dieselbe Richtung. Dabei sind ihre Bewegungen innerhalb des Systems in Relation der Umlaufperioden zu den Abständen vom Bewegungszentrum nach dem *dritten Keplerschen Gesetz* geregelt (vgl. Teil III.5 u. Anhang).

In der weiteren himmelsphysikalischen Vorgehensweise wird die Annahme der Wirbelbewegung der *species immateriata* in einem ruhenden Äther von der Vorstellung wirkender magnetischer Kräfte zwischen Sonne und Planet ergänzt. Erst so kann die transversale, in Richtung der Tangente in einem Punkt der Bahnkurve erfolgende Bewegung des Planeten zur elliptischen Bewegung umgebogen gedacht werden.

Ist also die Annahme der kreisförmig gedrehten *species immateriata* erforderlich, um den unvollständigen Begriff der Trägheit auszugleichen und eine Kreisbewegung der Planeten zu erzeugen, so wird die Hypothese der magnetischen Anziehung benötigt, um die Kreisbahn seitlich zu «verbiegen», also «die Ursachen der Ungleichheit in Tiefe» der Bahn anzugeben (KGW VII, 333ff.).

Diese dynamischen Vorstellungen der Planetenbewegung finden in den beiden ersten *Kepler-Gesetzen* ihren adäquaten Ausdruck. Sie sind in der «Astronomia Nova» (1609) innerhalb des Forschungsprogramms einer physikalisch zu begründenden Astronomie hergeleitet, jedoch nicht als abstrakte Gesetze formuliert. In der Geschichte der Astronomie signalisieren sie einen prinzipiellen Standortwechsel von der geometrischen Betrachtungweise der Bahn eines Planeten zum dynamischen Verständnis eines von physikalischen Kräften ungleichförmig bewegten Planeten. Nicht nur wird nun das Axiom von der idealen Kreisbahn endgültig zu Fall gebracht und zur mathematischen Behandlung nichtkreisförmiger – im Idealfall: elliptischer – Bahnen der Himmelskörper übergeleitet. Es wird auch das antike Postulat der Gleichförmigkeit umgestoßen, um allerdings in dynamischer Deutung in Gestalt des zweiten Gesetzes bei Kepler wiederzukehren, das nun gewissermaßen die gebündelte physikalische Erklärung der elliptischen Bahnfigur impliziert.

2.3 Erste Gründe der Keplerschen Physik des Himmels

Keplers himmelsphysikalische Untersuchungen sind trotz der spekulativen Ansätze überwiegend von mathematisch-naturwissenschaftlichen Methoden gekennzeichnet. Bei der Erörterung eines grundlegenden wissenschaftlichen Problems ist er mit Vorliebe der axiomatischen Methode gefolgt, für die vor allem die «Elemente» von *Euklid* die sichere Orientierung gegeben haben (Hartmann 1909). Für Kepler geht es darum, die Tiefe eines Problems möglichst systematisch durch den sinnvollen Gebrauch von Definitionen, Axiomen und Lehrsätzen (*proportiones*) zu erschließen.

Dies gilt *cum grano salis* ebenso für die himmelsphysikalischen Erörterungen. Auch im Umkreis der *Astronomia nova* (1609) und der *Epitome* (1618–1621) finden sich axiomatisch durchgeformte Teile.[6] Gerade seine vielfältigen methodischen Ansätze haben ihn zu einer Präzisierung seiner physikalischen Begründung der Astronomie und damit zu der Skizzierung einer frühen Himmelsmechanik rund ein halbes Jahrhundert vor *Newton* geführt.

In der Gegenüberstellung mit unmittelbaren astronomischen Vorgängern *Peuerbach*, *Regiomontanus* und *Copernicus* wie auch mit den bedeutendsten zeitgenössischen Fachkollegen *Mästlin*, *Tycho Brahe* und *Galilei* läßt sich bei Kepler ein neuer Forschungsansatz feststellen und von einem *Keplerschen Paradigmenwechsel* in der Astronomie sprechen. Dieser zeigt sich in der prinzipiellen Erweiterung der geometrischen Darstellung der Himmelsphänomene zu einer ursächlichen Erörterung der himmlischen Bewegungen. Nochmals mit Keplers eigenen Worten gesagt, möchte er vom Sein der Dinge zu den Ursachen ihres Seins und Werdens vordringen (KGW 1, 6). In diesem Forschungsansatz sind drei Elemente besonders hervorzuheben:

1. Die von Kepler fortgesetzte und insbesondere auf die Himmelsbewegungen bezogene kritische Auseinandersetzung mit der Physik des Aristoteles führt ihn schließlich zu einer deutlichen Abgrenzung von der scholastischen Naturphilosophie.
2. In der schrittweise erfolgenden Konkretisierung des Schwerebegriffs kommt Kepler, ohne sich die mechanistische Naturauffassung zueigen zu machen, dem Newtonschen Gravitationsbegriff bereits recht nahe.

3. Bei der Suche nach einem für die Himmelsphysik adäquaten kategorialen Rahmen werden die neuen Fragestellungen entweder noch in der traditionellen Terminologie oder bereits in einer neuen Begrifflichkeit formuliert.

Der Ausgangspunkt dieses Paradigmenwechsels ist also die aristotelische Kosmologie. Im System des Aristotelismus setzt jede Bewegung einen ruhenden Bezugspunkt voraus. So wird im Kosmos dieser Ruhepol durch den Mittelpunkt des Erdkörpers repräsentiert, dessen perspektivische Zentralstellung mit der Lehre von den natürlichen Orten der antiken Elemente übereinstimmt. Hiernach ist die Erde unterster Ort und zugleich geometrischer Mittelpunkt der Welt (*centrum quantitatis*), während sich die anderen Elemente Wasser, Luft und Feuer außerhalb der Erde in je eigenen Sphären in dieser Reihenfolge um den Weltmittelpunkt anordnen. Gegen diese Annahme eines geometrischen Punktes als Weltzentrum hat sich schon die Kritik des Copernicus gerichtet, und daran kann auch Kepler anschließen.

Für ihn stellt der natürliche Ort eines Körpers nicht die Ursache dafür dar, daß der Körper nach seinem Entfernen dorthin zurückkehrt. Ein senkrecht in die Höhe geschleuderter Stein kehrt an seinen Ort zurück, weil er durch eine (magnetische) Kraft mit der Erde gleichsam verkettet ist, so als ob sie ihn berühren würde. Die Gliederung des Raumes in oben und unten ist nur in bezug auf die wirkende Schwere sinnvoll, eben nur dann, wenn der Raum von ausgedehnten Körpern ausgefüllt ist. Von einem bloßen Punkt aber können keine Kraftwirkungen ausgehen: «Ein einig Düpfflin, das nit allain kein Leib, sondern auch khain quantitet nit ist, das khan dergleichen nicht thuen» (KGW XX.1, 165.29f.).

Demnach ist die *Schwere* eine besondere Eigenschaft der Materie, und zwar die «unmittelbare Begleiterin des Stoffes (der Masse) eines Körpers» (KGW XX.1, 173).[7]

Die Schwere kommt der Erde, dem Mond und der Sonne gleichermaßen zu und wird überhaupt als universelle Kraft aufgefaßt. Sie besteht letztlich in dem «gegenseitigen körperlichen Bestreben zwischen verwandten Körpern nach Vereinigung oder Verbindung», so eine noch frühe, an die aristotelische Begrifflichkeit sich anlehnende Definition Keplers (KGW III, 24.21f.).

Die Gravitation der Sonne bewirkt eine Änderung der Geschwindigkeit der Bahnbewegung des Planeten in Abhängigkeit von seiner Entfernung zum Zentralkörper, während die Gezeiten der Meere durch die Anziehung des Mondes erklärt werden. Hier wiederum wird die traditionelle Auffassung von der Trennung irdischer und himmlischer Bewegungsvorgänge durchbrochen. Demnach würden sich auch Erde und Mond, wären sie durch spezifische Kräfte nicht in ihren Bahnen gleichsam festgehalten, aufeinander zubewegen, wie sich auch zwei Steine außerhalb des Kraftbereichs eines dritten Körpers an einem dazwischenliegenden Ort vereinigen würden. Dabei ist die von einem Körper zurückgelegte Strecke jeweils der Masse des anderen Körpers proportional. Im Fall der Erde-Mond-Anziehung, gleiche Dichte beider Himmelskörper vorausgesetzt, würde sich die Erde um einen Teil des mittleren Abstandes beider Himmelskörper in Richtung des Mondes, dieser aber um 53 Teile zur Erde hin bewegen (KGW III, 25). Die wirkende Kraft ist also der Masse des anziehenden Körpers proportional:

$k \sim M$.

Im Vergleich zum Mond ist die Kraftwirkung der Erde das 53fache, weil seine Masse, homogene Zusammensetzung vorausgesetzt, sich zu der des Mondes wie die Kuben der Radien verhalten, also

$$k \sim \frac{r(Erde)^3}{r(Mond)^3} = \frac{376^3}{100^3} = 53 : 1.$$

Gegen Ende seines Lebens präzisiert Kepler in einer Bemerkung zu seinem «Somnium» diese Vorstellung und bestimmt schließlich die Schwere als die wechselseitige Anziehung zweier Körper: «Ich definiere die Schwere als eine der magnetischen Kraft ähnliche gegenseitige Anziehung. Die Kraft dieser Anziehung ist größer in näheren als in entfernten Körpern» (KGW XI.2, 341, 8–10).

So nah ist Kepler der Formulierung des Newtonschen Gravitationsgesetzes gekommen, das sich in der Tat aus den Keplerschen Ansätzen darstellen läßt, wenn die obige Gleichung mit der von S. 91 zusammengeführt wird.

In sich verwickelt und widerspruchsvoll, stellt sich die Keplersche Himmelsphysik als ein nichteinheitliches System dar. Darum ist es schwierig, darin einen grundlegenden *kategorialen Rahmen* zu erkennen (vgl. Abschnitt II.3.2). Gleichwohl hat Kepler mit der Niederschrift seiner astronomischen Hauptwerke auch einen Schlußpunkt in seiner kosmologischen Erkenntnissuche setzen können. Insofern hat das Keplersche Opus seine Vollendung gefunden.

3. Elemente der Naturphilosophie

3.1 Naturbegriff und seelisches Prinzip

Nach antiker Überlieferung ist Naturphilosophie diejenige Disziplin, deren Gegenstand die Natur und die besonderen begrifflichen und empirischen Bedingungen darstellen, unter denen Natur erkannt wird (Mittelstraß 1984, 970). In dieser doppelten Begrifflichkeit von Natur stehen sich eine mehr metaphysisch begründete und eine mehr naturwissenschaftlich ausgerichtete Naturauffassung gegenüber.

Entsprechend unterscheidet auch die mittelalterliche Philosophie, so durch *Johannes Eriugena* (9. Jh.), eine ungeschaffene *natura infinita*, die Gott selbst betrifft, von einer geschaffenen *natura finita*, die den Geschöpfen und überhaupt allen natürlichen Dingen in der sichtbaren Welt zukommt. In platonischer Tradition gewinnt das Prinzip einer *natura universalis* die Vorstellung einer Weltseele, in christlicher Deutung auch die der göttlichen Quelle aller Formen und harmonischen Verhältnisse in der Welt.

Dagegen soll der Begriff *natura particularis* in aristotelischer Provenienz die Erscheinungen der Natur mehr aus der Physis der Einzeldinge erklären. Indem er mehr die Sinnesdinge betrifft, mündet er stärker in den menschlichen Erfahrungshorizont ein (Nobis 1969).

Diese Ideen durchdringen sich in der platonisch-aristotelischen Metaphysik-Tradition und führen zu einer Annäherung des platonischen Begriffs der Gesamtnatur und des aristotelischen Begriffs des natürlichen Dinges bzw. des von Natur aus Seienden, wodurch die Unterscheidung der allgemeinen von der besonderen Natur überbrückt wird (Mittelstraß 1984, 962).

In einer weiteren Entwicklungslinie zeichnet sich in der Naturforschung der Renaissance, bedingt durch die Erweiterung des geographischen Horizonts und die Erneuerung des städtischen Lebens, aber ebenso durch neue wissenschaftliche Fragestellungen und neue technische Aufgaben, eine deutliche Tendenz zu Empirie und Experiment ab. Unter dem Einfluß des Rationalismus cartesianischer Prägung hat diese Entwicklung dann im Verlauf des 17. Jhs. zur Mechanisierung der Naturanschauung geführt.

Von derartigen Ideen der Geistestradition und der aufkommenden experimentellen Naturforschung ist auch Keplers Naturvorstellung geprägt. In der Komplexität seines Naturbegriffs können fünf wesentliche Elemente unterschieden werden:
(1) Die Idee von der Einheit der Natur und dem Ebenbild Gottes (*imago Dei*);
(2) die Idee von der Beseeltheit der Welt und der natürlichen Geschöpfe;
(3) die mathematische Idee von der geometrischen Begründbarkeit der natürlichen Formen und der Strukturen der Welt;
(4) die Vorstellung von einer Weltmaschine (*machina mundi*) und vom Mechanismus der in ihr ablaufenden Bewegungen;
(5) die Vorstellung von einer zweckhaften, also nach bestimmten für den Menschen nützlichen Zwecken eingerichteten Natur.

Diese unterschiedlichen, aufeinander bezogenen Naturvorstellungen sind im Keplerschen Opus weder systematisch noch zusammenhängend ausgearbeitet, sondern finden sich wie andere große Ideen seines Weltbildes in einzelnen Briefen und Werken.

Die Ebenbildlichkeit der Natur mit Gott oder ihr göttlicher Charakter (Element 1) ist das oberste Axiom überhaupt, aus dem alles andere folgt. Sie hat die Beseeltheit der Geschöpfe und natürlichen Dinge zur Folge (Element 2), freilich in einer abgestuften Form entsprechend der hierarchischen Gliederung der Naturdinge. Näherhin ist die archetypische Verfaßtheit der menschlichen Seele die entscheidende Voraussetzung für die menschliche Erkenntnisfähigkeit nach Norm quantitativer Größen im göttlichen Schöpfungsplan (Element 3), während die Idee von der geometrischen Begründbarkeit natürlicher Formen und Verhältnisse der Dinge die eigentliche Grundlage für die Ausarbeitung der Weltharmonie darstellt. Quantifizierung und Mathematisierung der Naturphänomene gehen deren Mechanisierung voran (Element 4). Diese Idee spielt vor allem in Keplers Konzeption der Physik des Himmels eine wichtige Rolle. Schließlich entspricht die Vorstellung von einer nach Zwecken eingerichteten Natur (Element 5) einer frühen *utilitaristischen* Naturkonzeption; denn sie ist aus der Blickrichtung des selber Zwecke setzenden und zugleich in übergeordnete Zwecke eingebundenen Menschen her formuliert. Diese Idee ist nicht mehr theologisch-metaphysisch begründet, sondern aus dem Geist des Humanismus entstanden. Die Erscheinungen der Natur sind auf den Menschen bezogen, und dieser kann daraus seinen Nutzen ziehen.

Diese Zweckhaftigkeit veranschaulicht Kepler sarkastisch an einem Beispiel: Es könne einem Hasen keine größere Ehre widerfahren, als wenn er vom Hund erhascht wird und dem Jäger auf den Tisch kommt, «denn dazu ist er gewürdigt von seinem Schöpfer» (KGW IV, 176).

Kepler folgt insgesamt einer religiös fundierten Auffassung von der Natur, die seit dem frühen Mittelalter metaphorisch als eine zweite Schrift göttlichen Ursprungs neben der Heiligen Schrift bezeichnet wird. In diesem Buch der Natur vermögen Kepler zufolge besonders die Astronomen zu lesen. Sie sollen es aufschlagen, es den Menschen erschließen zum Ruhme des Schöpfers und seiner Schöpfung. Den *Goetheschen Geist* vorwegnehmend, schreibt er in seiner *Elegie auf den Tod Tycho Brahes* die folgenden, im Original lateinisch abgefaßten Verse über den Reichtum der Natur:

«Soviel gab sie, die Reiche, zum Lohne dem, der ihr diente;
Urania hat noch nicht all ihre Schätze verstreut.
Unerschöpflichen Reichtum bewahrt sie im üppigen Schoße,
spendet immer erneut Gaben dem Fleiß, der sie ehrt.
Kräfte des Himmels erschließt, ihr Menschen,
Bekanntes bringt Nutzen,
Unbekanntes jedoch läßt keinen Vorteil ersehn.
Schwer ist, Verschlossnes zu öffnen; doch nicht das Offne zu nutzen;
Menschen, erschließt der Natur Kräfte mit forschendem Geist!»
(NK8, 25)

Die Natur ist zu ehren – dann bietet sie dem Wissenden auch Nutzen. Der Forscher bringe seinem Gegenstand also Ehrfurcht entgegen, hat er es doch stets mit einem Teil der Schöpfung zu tun. Dem Schöpfer selbst ebenbildlich, ist die Natur unerschöpflich, *qualitativ* unendlich. Darin ist sie wie Gott selbst ein «wunderbares Geheimnis» (KGW IV, 439); Dieser Glanz der Natur, das *lumen naturae*, vermehrt das Verlangen des Menschen, zum Licht der Herrlichkeit des Schöpfers zu gelangen (KGW VI, 362).

Aus der göttlichen Ebenbildlichkeit der Natur kann für den Aufbau des Universums nur Vollkommenheit folgen: Die ganze Welt ist in sich sinnvoll geordnet; *extensional*, also ihrer Quantität und Ausdehnung nach ist sie ein maßvoll strukturiertes Endliches und in dieser Seinsverfaßtheit vollkommen. Im Gegensatz dazu ist das extensional Unendliche, wie Kepler mit Blick auf Bruno bemerkt, nur dem Chaos gleichzusetzen. Der Kosmos ist von Leben durchpulst und von Magnetismus, Licht und Wärme durchströmt, also von Wesenheiten, die der menschlichen Erkenntnis in einfachen Gesetzen zugänglich sind.

In einigen Merkmalen läßt Kepler seine Naturanschauung bereits in seinem Jugendwerk *Mysterium cosmographicum* erkennen: «Die Natur liebt die Einfachheit, sie liebt die Einheit. Nichts ist in ihr je untätig oder überflüssig; ja nicht selten wird ein Ding von ihr zu vielerlei Wirkungen ausersehen» [1](KGW I, 16.21-23).

Gott der Schöpfer wird aus dem Buch der Natur erkannt (KGW VII, 511) – darin liegt das Credo des großen Naturforschers, der sich selbst als Priester Gottes an diesem Buch verstanden hat.

Neben der Vorstellung von der Ebenbildlichkeit Gottes ist noch die Idee des seelischen Prinzips für Keplers Naturbegriff besonders charakteristisch. Sie wird mitunter mit dem Prädikat «animistisch» versehen, kann so aber zu Mißverständnissen führen.

Keplers Idee des seelischen Prinzips ist religiösen Ursprungs; naturphilosophisch wird es als eine das Universum durchströmende und belebende Kraft gedeutet, die die natürlichen Dinge erst aufeinander einwirken läßt und so den inneren Gesamtzusammenhang der Natur konstituiert.

Mit diesen Vorstellungen steht Kepler dem belgischen Gelehrten und Naturphilosophen *Cornelius Gemma* (1535–1577) nahe, der im Universum einen fortwährend um des Schöneren und Besseren wegen tätigen Geist am Werke sieht (Brief Nr. 358, in: KGW XV, 258). Dieser allgemeine Weltgeist (*communis totius mundi spiritus*) sorgt dafür, daß alles in der Welt gegenseitig geordnet ist. In anderen Textstellen wird vom Schöpfer gesprochen, der jeden Organismus, alles Lebendige beseelt hat. Selbst dem anorganisch Stofflichen wird bei seiner Gestaltung eine innere Struktur und Form aufgeprägt.

Derartigen Gedanken ist Kepler in verschiedenen Briefen nachgegangen. Sie werden in den Untersuchungen über die sechseckige Form der Schneekristalle (*Strena*, 1610/11) und schließlich in dem Harmoniengebäude der *Harmonice Mundi* weiter verdichtet. In der

Weltharmonik verbindet sich sein Naturbegriff mit dem Harmoniebegriff und erhält in den Untersuchungen der Bewegungsabläufe des Planetensystems die am tiefsten gehende Begründung (vgl. Abschnitt III.5).

Die Seelen der Planeten wie auch die Sonnenseele sorgen für die Rotation der Himmelskörper. An der Sonne zeigt sich zudem eine wunderbar proportionierte Symmetrie in der Wahrnehmung der Planetenbewegungen, so daß die himmlischen Bewegungen absichtlich auf diese architektonische Ordnung abgestimmt sind, wie Kepler Anfang 1618 in einem Brief an Wacker von Wackenfels schreibt (KGW XVII, 255). Es sei daher ebenso glaubhaft, daß es auf der Sonne edlere Lebewesen als auf der Erde gibt, die sich an den harmonischen Bewegungserscheinungen erfreuen.

Das Sonnensystem ist belebt; die Planeten, die Sonne selbst und auch der Erdmond beherbergen lebendige Geschöpfe – daran gibt es für Kepler kaum einen Zweifel. Dafür sprechen die Erdähnlichkeit des Mondes wie auch die anzunehmende lunare Feuchtigkeit und die Ähnlichkeit des Mondes mit den Planeten. So werden in diesem Wahrscheinlichkeitsschluß auch bei den anderen Himmelskörper erdähnliche Zustände für möglich gehalten (KGW XVI, 86).

In Keplers Vorstellungswelt ist alles, vom naturhaft Kleinsten bis hin zum Menschen, vom Menschen bis hin zum kosmologisch Größten, von einer wunderbaren Harmonie erfüllt: Durch das seelische Vermögen der Pflanze ist ihr Wachstum, aber auch die Zahl ihrer Blütenblätter bedingt. Dieses vegetative Seelenvermögen läßt sogar erwarten, daß die Pflanzen die harmonischen Verhältnisse der Gestirnstrahlen wahrnehmen könnten (HM IV.2 in: KGW VI, 226). Die Tiere besitzen eine instinkthafte Seele, wie beispielsweise die Biene beim Bau ihrer Zelle von ihrem Instinkt geleitet wird, gerade diese zweckmäßige Bauform auszuführen (*Strena*, in: KGW IV, 269). Selbst die Harmonien der Töne können von den Tieren wahrgenommen werden. Für die Menschen ermöglicht es die archetypische Konstitution der Seele, durch die Wahrnehmung der Naturerscheinungen die Harmonien zu erkennen.

Schließlich ist sogar im Gesamtorganismus der Erde ein aktives seelisches Vermögen vorhanden, nicht nur an der Oberfläche, sondern auch im Erdinnern. Daraus schöpft die Erde ihre Gestaltungskraft (*formatrix facultas*), die bestimmte Erscheinungen des Lebens «nach Art einer schwangeren Frau» im Gestein abbildet, ebenso wie in den Edelsteinen und Kristallen die fünf regulären Körper formbildend sind (HM IV.7; KGW VI, 269).

Der Erdseele ist das Bild des göttlichen Angesichts (*imago vultus divini*) mit den Ideen des Kreises und seiner Verhältnisse, mit der Idee des sinnlichen Körpers und darüber hinaus mit der Idee der ganzen Welt eingeprägt. Daher leuchtet auch in der Erdseele das Bild des Tierkreises und des ganzen Fixsternhimmels als Band der Sympathie zwischen den Gestirnen und den irdischen Dingen, als eine innige Verbindung zwischen Himmel und Erde (KGW VI, 271). Auf derartige Zusammenhänge geht Kepler näher in seiner Lehre von den Aspekten ein, die eine wichtige Grundlage seiner astrologischen Vorstellungen darstellt.

3.2 Kategorien der Keplerschen Naturauffassung

Trotz der dargelegten Vielfalt der himmelsphysikalischen Begrifflichkeit hat Kepler eine systematische Darstellung *erster Gründe* seiner Naturauffassung im Sinne ihrer prinzipiellen Anfangsbegründung nicht vorgelegt. So existiert auch keine Schrift, in der er seine eigenen mathematischen Prinzipien der Naturphilosophie dargestellt hätte.[2]

Gegenüber der mit dem Rationalismus einhergehenden Mechanisierung der Natur, die bereits zu Keplers Zeit absehbar ist, stellen sich seine Forschungsansätze im *Übergang* zur mechanistischen Naturbetrachtung in sich durchaus uneinheitlich dar. Sie enthalten schon Versatzstücke des mechanistischen Denkens, wie sie für die Spätrenaissance charakteristisch sind und besonders in der Idee der *machina mundi* zum Ausdruck kommen.

Bereits im 14. Jh. findet sich bei *Nicole Oresme* (ca. 1329–1382) der Gedanke einer selbständig funktionierenden Weltmaschine. Sie wird bei Oresme aus der kreisförmigen Trägheitsbewegung – einer eigenen, aber noch in der aristotelischen Physik verankerten Bewegungsform – begründet und bereits mit einem Uhrwerk verglichen (Fellmann 1988, X f. u. 52).

Nicht anders kennzeichnet Kepler aus der technischen Erfahrungswelt seiner Zeit die himmlische Maschine (*machina coelestis*) als ein Uhrwerk (*horologium*). Seiner Auffassung nach werden die Himmelsbewegungen durch eine in Analogie zum Magnetismus angenommene Kraft so erzeugt wie die Bewegungsabläufe eines Uhrwerks durch ein einfaches Gewicht (KGW XV, 146).

Fünf Jahre später schreibt er jedoch in seiner Schrift *Tertius interveniens* (1610), Himmel und Erde rühren einander gerade nicht so an wie die Räder einer Uhr, und die Luft müsse nicht hinauf, wenn der Himmel voranlaufe (KGW IV, 200.28–30). Offensichtlich hat sein Forschungsinteresse am Mechanismus der Himmelsbewegungen zu durchaus unterschiedlichen Hypothesen über die Bewegungsursachen geführt.

Für Kepler liegt der Grundbefund der Weltverfassung nicht in ihrer Mechanisierung, nicht in der «Mechanisierung des Weltbildes» (*Dijksterhuis*), sondern in den vielfältigen Ausdrucksformen der Harmonie der Welt als Essenz ihrer Schönheit und Vollkommenheit.

Keplers bereits früher genanntes Grundpostulat über die Verfaßtheit der Welt betrifft ihre Vollkommenheit, die in Licht, Wärme, Bewegung und Harmonie der Bewegung zum Ausdruck kommt. Diese Qualitäten werden analog zu den Vermögen (*facultates*) der Seele aufgefaßt, nämlich das Licht analog zum sensitiven, die Wärme analog zum vitalen, die Bewegung analog zum animalischen und die Harmonie analog zum rationalen Vermögen (KGW VII, 259). Unter Hinzuziehung formal-logischer kategorialer Konstruktionen von Aristoteles kommen für Kepler in der Disposition der Welt, eine Seinsmöglichkeit zu realisieren, drei Kategorien zur Anwendung: die Ursache «wodurch» (*a qua*), das Subjekt «in welchem» (*in quo*) und die Form «unter welcher» (*sub qua*) etwas geschieht. Nur in der glaubensmäßigen Gewißheit von der Welt als Schöpfung kann das Grundpostulat gültig sein; daraus folgen dann unmittelbar die Annahmen von dem zeitlichen Anfang am Zeitpunkt der Schöpfung (*dies creationis*), von der Beseeltheit und von der integrativen Beschaffenheit der Welt als einem in sich zusammenhängenden Ganzen. In bezug auf diese dritte Qualität kann er zum Schluß seines *Mysterium cosmographicum* aus der «Naturgeschichte» von *Plinius d. Älteren* (1. Jh. n. Chr.) zitieren: «Heilig ist mir die unermeßliche Welt, als Ganzes im Ganzen, ja fürwahr selbst ein Ganzes, begrenzt und (doch) dem Unbegrenzten ähnlich» (KGW I, 33f.).

Die Kategorie der Endlichkeit liegt dem Schöpfungsbegriff des an sich unendlichen Schöpfers zugrunde, allerdings, wie oben ausgeführt, nur in *extensionaler* Hinsicht. Der Schöpfer hat die schönste aller möglichen Welten erschaffen, aber die Möglichkeiten der Schöpfung müssen begrenzt sein, soll alles nach Maß und Verhältnis verteilt und bewegt sein.

Die erste Wesenheit nach Gott ist die *Materie*, die von sich aus keine Gründe zur Gestaltung der Welt hat. Sie besitzt in sich selbst nur die eine Eigenschaft, aus unendlich vielen Teilen zusammengesetzt zu sein.³ Dann freilich müßte das Ganze selbst *aktuell* unendlich sein. Erst in *Raum* und *Zeit* hat sie gestaltete Quantitäten. Stets ist der Raum auf ein körperhaft Materielles bezogen, erst in der Ausfüllung mit einem Körperhaften wird er existent. Somit ist ein Vakuum nicht denkbar. Das ganze Universum ist von dem feinstofflichen Äther wie von einer Flüssigkeit erfüllt. Ebenso ist ein unendlicher Raum nicht möglich. Dieser würde die Unendlichkeit der Materie voraussetzen; seine Annahme ließe sich mit dem Postulat von der Endlichkeit und Begrenztheit der geschaffenen Welt nicht vereinbaren.

Die Vorstellung einer *sphaera infinita*, für die Grenzen, Mitte und jeder sichere Ort im Universum in Frage gestellt sind, kann bei Kepler nur einen geheimen Schrecken auslösen (KGW I, 253). Die Unendlichkeit der Fixsterne erscheint ihm wie ein unentwirrbares Labyrinth; mit ihren zerbrochenen Orten und Schranken kann sie für ihn nur einer Tollheit der Philosophierenden entsprungen sein.

Die Annahme der Idee eines unendlichen Universums hätte das gesamte Argumentationsgebäude seiner Weltharmonik zum Einsturz gebracht, zumindest dem Anspruch nach, die Harmonie der Welt aufgespürt zu haben und nicht nur die harmonischen Strukturen des Sonnensystems. Daher ist seine Reaktion so heftig, seine Replik so ungewöhnlich scharf. Für ihn kann die Welt nicht anders als endlich groß sein, mit einer bestimmten Mitte, in der sich die Sonne und in Anbetracht der großen Dimension der Fixsternsphäre ebenso die Erde befindet.

Für seine Harmonievorstellungen durfte Kepler die Hypothese vom unbegrenzt großen Universum nicht akzeptieren, es sei denn, er hätte den Anspruch der Gültigkeit seiner harmonikalen Ableitungen auf die Welt der Planeten als auf ein kosmisches Teilsystem reduziert. Dagegen brauchte er für die Ausarbeitung der Theorie der Planetenbewegung, bei der es allein um die Bewegungsabläufe innerhalb des Planetensystems geht, diese Hypothese nicht weiter zu beachten. Ebenso war ja für die Akzeptanz des copernicanischen Weltsystems die Frage der Unermeßlichkeit des Universums letztlich unerheblich. Freilich blieben für Kepler so auch alle Schlußfolgerungen, die Cusanus und Bruno über die Beschaffenheit und die Strukturen eines zum Unendlichen hin offenen Universums gezogen hatten, nicht nachvollziehbar oder sogar suspekt.

Index der endlichen Fixsternsphäre ist die sichtbare Milchstraße, die sich in einem ununterbrochenen Kreis darstellt und dergestalt den mittleren Kreis der Fixsternwelt durchdringt (KGW I, 256). In diesem Bild aus dem Werk *De Stella Nova* (1606) klingt bereits die Vorstellung von einer scheibenförmigen Galaxie an.

Neben dem Raum ist die *Zeit* eine dem Menschen vom Schöpfer zugemessene Kategorie. Sie läuft seit dem Schöpfungszeitpunkt ab und wird an den Bewegungen von Körpern manifest, die als Himmelsbewegungen regelhaft, also nach erkennbaren Gesetzmäßigkeiten, erfolgen. Insofern ist sie quantitativ wahrnehmbar. Anderenfalls wäre Astronomie als Wissenschaft überhaupt nicht möglich (KGW VII, 328).

Näherhin ist Zeit auf *Messen* bezogen, indem die Ungleichheit von Bewegungen nicht anders wahrgenommen werden kann als durch ein Vergleichen dessen, was sich auf gleiche Größen bezieht. Daher ist die Zeit «das Maß der Bewegungen», und das nächstliegende, uns bekannte Element ist der über die scheinbare Sonnenbewegung als Intervall zwischen zwei Meridiandurchgängen definierte Tag (KGW X, 88.34–37).

Ist hier also die Maßeinheit aus der Natur genommen, so wird das meßtechnische Prinzip selbst erst durch die geistige Tätigkeit des Naturforschers erschlossen. In letzter Konsequenz ist ohne Vergleichsnormen eine Theorie über Teilbereiche der Natur nicht möglich. Für Kepler sind diese Maßstäbe mit dem System der geometrisch-astronomischen Mittel gegeben (Wahsner 1981, 534). Erst bei der in Raum und Zeit erfolgenden Bewegung eines Körpers ist von der *Trägheit* der Materie (*inertia materiae*) zu sprechen, die sich dann in dem Widerstand der Himmelsmaterie (*renitentia materiae coelestis*) in bezug auf die Bewegungskraft äußert (KGW VII, S. 296f.).

An dieser Stelle setzen die weiteren himmelsphysikalischen Überlegungen Keplers mit den unterschiedlichen begrifflichen Abstufungen ein (vgl. Abschnitt II.2).

3.3 Metaphysik des Lichts

In einem seiner bedeutendsten Werke, der *Astronomiae pars optica* des Jahres 1604, hat sich Kepler eingehend mit den Grundlagen der Optik als Wissenschaft im Zusammenhang mit astronomischen Problemstellungen beschäftigt, zudem aber auch einige ihm relevant erscheinende metaphysische Fragen der Optik erörtert. Das Werk gehört nach heutiger wissenschaftsgeschichtlicher Einschätzung zum Besten, was jemals auf dem Gebiet der Optik geschrieben wurde.[4] Diese Leistung ist umso höher anzusetzen, als die *Optik* in weniger als 12 Monaten, hauptsächlich im Verlauf des Jahres 1603, niedergeschrieben wurde und Kepler für die Niederschrift die *Perspektive* von *Witelo* (ca. 1270), als deren *Paralipomena* (Zusätze) er den ersten Teil seines Werkes verstanden wissen wollte, näher zu studieren hatte.

Für die Hauptabsicht des vorliegenden Buches, Kepler als wissenschaftlichen und philosophischen Denker vorzustellen, soll im Zusammenhang mit optischen Fragen ein in der Sekundärliteratur weitgehend ausgeblendeter Teilaspekt erörtert werden: die *Natur des Lichts*. Diese naturphilosophisch wichtige Thematik ist im ersten Kapitel der *Optik*, das bisher nicht ins Deutsche übersetzt ist, dargelegt.[5]

Keplers Auffassung von der Natur des Lichts ist an die Idee des seelischen Prinzips geknüpft: Weil die Seele unkörperhaft und unsichtbar ist, muß sie ein dem Licht verwandtes Wesen haben, und wenn sie einem Geschöpf Leben einhaucht, geschieht das in Verbindung mit Licht und Wärme. Insofern ist das Licht ein «Abkömmling der Seele» (*lux animae soboles*) (KGW II, 36). Kepler erörtert hier die Eigenschaften des Lichtes vorwiegend spekulativ, also weitgehend noch ohne Ansehen der Erfahrung.

Der methodisch-begriffliche Rahmen für die Erörterung des Wesens und der Eigenschaften des Lichtes, in den die einzelnen Hauptsätze (*propositiones*) eingepaßt sind, wird in einem deduktiv aufgebauten kategorialen *Corrolarium* (Zusatz) vorgelegt (KGW II, 24f.). Umgesetzt in eine Grafik entspricht diese Anordnung dem folgenden Schema:

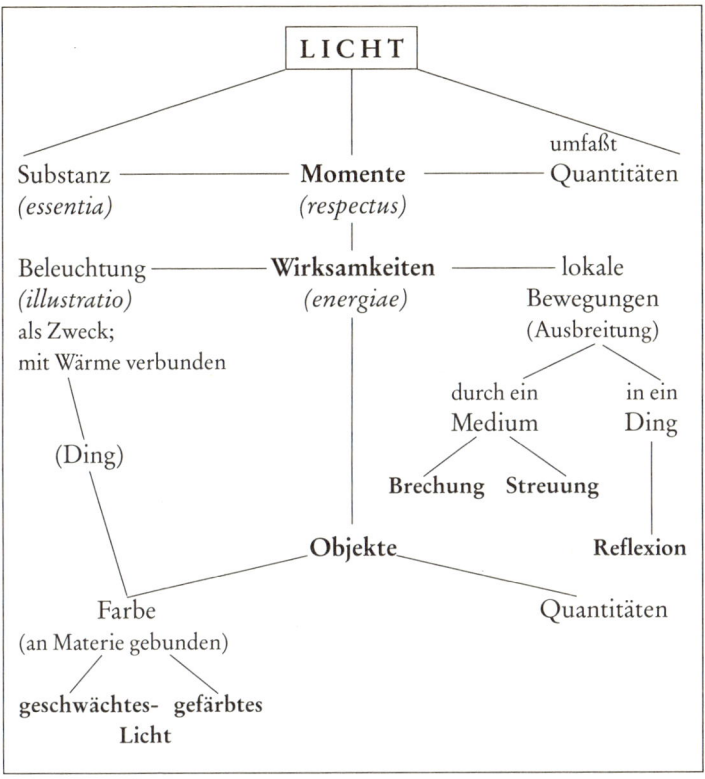

*Kategoriales Schema zur methodischen Darstellung der Natur des Lichts
(zu Kap. 1 der Optik).*

Anhand dieses in der *Optik* nicht explizit angegebenen Schemas sollen nun Keplers Ausführungen zur Natur des Lichts veranschaulicht werden.

Substanz oder Essenz des Lichts ist das, wodurch es Licht ist. Vom Ursprung her ist es nach dem Bild des Schöpfergottes eingerichtet. Somit ist es der Gattung der Quantitäten zugeordnet und gleicht am meisten der Figur der sphärischen Oberfläche. Die Kugel, Bild der Hl. Dreifaltigkeit, ist zugleich Urbild (*archetypus*) des Lichts. Dieses Prinzip der Schönheit findet sich in dem hervorragendsten Weltkörper wieder, in der Sonne. Sie besitzt die Fähigkeit (*facultas*), sich selbst auf alle Dinge zu übertragen, und dieses Vermögen heißt Licht (KGW II, 19).

Das zweite wesentliche Moment des Lichts umfaßt Quantitäten im Sinne von wahrnehmbaren, zum Teil sogar meßbaren Eigenschaften, die sich durch die lokale Bewegung des Lichts, sein geradliniges Ausströmen, nach den Gesetzen der Geometrie ergeben. Diese Geradlinigkeit entspricht einem Naturprinzip, weil die Natur den kürzesten Weg durch die geradlinige Bewegung sucht (*prop. IV*). Die Bewegung des Lichts geschieht nicht in der Zeit, sondern im Augenblick (in momento). Die Geschwindigkeit ist also unendlich groß. Denn, so schließt Kepler, weil das Licht selbst keine Materie, also im Medium des Lichts auch keinen Widerstand, wohl aber eine bewegende Kraft (*virtus movens*) besitzt, ist das Verhältnis der Kraft zum Widerstand unendlich groß (*prop. V*).

Im Ausströmen des Lichts potenziell bis zum Unendlichen vermindert sich die Intensität (*fortitudo*) eines Lichtstrahls nicht, während die Helligkeit H oder die Dichte (*densitas*) der Lichtstrahlen mit der Entfernung r von der Lichtquelle im umgekehrten Verhältnis der kugelförmigen Oberflächen abnimmt (*prop.* IX, in: KGW II, 22).

Hier ist das Grundgesetz der Fotometrie formuliert, also

$$H \sim \frac{1}{r^2}.$$

Die Beleuchtung ist eine Folge dessen, daß das ausströmende Licht auf einen Körper trifft. Dieser ist lichtdurchlässig, also transparent oder diaphan (*corpus pellucidum*), von dichterer Beschaffenheit, wodurch der Körper vom Licht schwerer zu durchdringen ist, oder überhaupt lichtundurchlässig oder opak (*corpus opacum*). Auf jeden Fall wird das Licht von der Oberfläche des Körpers, auf das es trifft, beeinflußt. Jedoch werfen farbige Oberflächen weißes Licht ungefärbt zurück. Weiße und schwarze Körper erscheinen opak. Dagegen finden sich die Farben an den diaphanen Körpern der Edelsteine wieder.

Hieran schließt Kepler seine von Aristoteles beeinflußte Definition der Farbe an, die *Goethe* im Historischen Teil seiner Farbenlehre im Original beließ, weil er diese «wunderbaren Worte nicht zu übersetzen» wagte (Goethe 1893, 251):

«Farbe ist Licht in *potentia*, verborgenes Licht in einem Diaphan, wenn es ohne Bezug zum Sehen gedacht wird. (Folgende Gegebenheiten) bringen die Unterschiede in den Farben hervor: Verschiedene Grade in der Anordnung der Materie wegen Verdünnung und Verdichtung oder Transparenz und Dunkelheit; ebenso verschiedene Grade der Lichtspur (*lucula*), die (in) der Materie verdichtet ist.» (*prop. XV*, in: KGW II, 23)

Die Farben werden also als Abstufungen des in transparenten Stoffen ruhenden Lichts erklärt. Das Licht ruht in den Farben, kommt also gewissermaßen von innen, solange diese nicht vom Sonnenlicht erhellt werden. Beim Regenbogen dagegen dringt es von außen ein, so daß die Farben mit der Position des Auges variieren.

Die weiteren Hauptsätze (*prop. 18–38*) führen dem Schema entsprechend die verschiedenen Aspekte von Ortsbewegung und Beleuchtung weiter aus. Hier sei noch besonders auf die Verbindung von Licht und Wärme aufmerksam gemacht, die einen Einblick in medizinische Kenntnisse Keplers geben (*prop. 32*).

Alles Leben ist für Kepler abhängig von Wärme, die ihrerseits vom Licht abhängt. Ein Körper als etwas Materielles hat Wärme nicht von sich selbst, sondern von der Sonne oder vom Feuer. In einem beseelten Lebewesen, etwa einem Menschen, gelangt die Wärme vom Herzen über die Arterien in den Körper. Dort, am Herzen, brennt dem französischen Arzt *Johann Fernel* (1506–1558) zufolge eine winzige Flamme. Die Lungenflügel atmen, damit «dieses kleine Feuer» durch einen besonderen Kanal der Hohlvene mit Luft gleichsam wie mit Öl versorgt wird und nicht erstickt. Das Herz arbeitet wie eine Werkstatt und steht mit dem Lebensgeist (*cum spiritu vitali*) im Dienst für das gesamte Lebewesen. Da auch die animalische Wärme vom Licht abhängt, müßte es möglich sein, unter bestimmten äußeren Bedingungen den Lichtfunken (*flammula*) am Herzen zu sehen (KGW II, 35).

Dieses kleine Feuer müßte auch bei Pflanzen und ihren Sprößlingen, die eine eigene Wärme besitzen und mitunter des Nachts leuchten, nachzuweisen sein. Desgleichen tritt die Erdwärme als Auswirkung des seelischen Vermögens zumeist mit Licht gemeinsam in Erscheinung.

Den Schluß des ersten Kapitels der *Optik* bilden kritische Anmerkungen zu optischen Auffassungen des Aristoteles, so u. a. zu dessen Ansicht über die Lichtdurchlässigkeit von Körpern. Denn – so Keplers Begründung für die Abfassung dieses Anhangs – es finde bei den Scholastikern ja nur das Beachtung, was für oder gegen Aristoteles spreche.

Halten wir fest: Keplers Überlegungen zum Wesen und zu den Wirksamkeiten des Lichts bilden einen zentralen Punkt seiner Naturauffassung. Sie stellen weniger eine wissenschaftliche Theorie als vielmehr eine Metaphysik des Lichts dar. Dementsprechend erläutert Kepler auch in einem Brief des Jahres 1606 an den englischen Gelehrten *Thomas Harriot*, er habe im ersten Kapitel mehr von theologischen, als von optischen Prinzipien Gebrauch gemacht (Brief Nr. 394, KGW XV, 348). Die grundsätzlichen Ausführungen über Wesen und Ursprung des Lichts sind in seiner theologisch begründeten Seelenlehre verankert. Licht ist dem Magnetismus verwandt, mit Wärme verbunden und innerhalb des Schöpfungsganzen ein Medium, das alles formt und belebt.

Keplers *Optik* ist auf wenig Akzeptanz gestoßen. Eine vertiefende Korrespondenz entwickelte sich für kurze Zeit mit *Harriot*, der besonders an dem Problem der Lichtbrechung in verschiedenen Medien interessiert war, und über einen längeren Zeitraum mit dem Kaufbeurer Arzt *J. G. Brengger*. Dagegen schrieb *Michael Mästlin* nach flüchtiger Lektüre, er traue sich ein Urteil über die *Optik* nicht zu. Und *Johannes Papius*, ehemals Rektor an der Stiftsschule zu Graz, bemerkte, er habe noch niemals in den mathematischen Wissenschaften, ja vielleicht in den philosophischen Disziplinen überhaupt, einen derart schwierigen Text gelesen (Brief Nr. 375, in: KGW XV, 313).

3.4 Begründung der Astrologie aus Prinzipien der Natur

Keplers Bemühen um eine Neubegründung der Astrologie aus dem Geist der Spätrenaissance darf bei einer angemessenen Würdigung seiner Gedankenwelt keineswegs übergangen werden. Diese «vernünftigere astrologische Grundlegung» findet sich noch kaum – wie es eigentlich aus der Kenntnis des Keplerschen Werkes zu erwarten wäre – in der lateinisch abgefaßten Abhandlung *De fundamentis astrologiae certioribus* (Über die sicheren Grundlagen der Astrologie) von 1601 (Field 1984). Viel deutlicher tritt sie in der groß angelegten Auseinandersetzung mit der astrologiefeindlichen Haltung des badischen Arztes *Philipp Feselius* in der deutschsprachigen Schrift *Tertius interveniens* des Jahres 1610 zu Tage. Wie in anderen Wissensbereichen auch war Kepler in der Astrologie zunächst noch ein Kind seiner Zeit, wollte dann aber in tendenziell aufklärerischer Weise über einen blinden Sternenglauben hinausweisen.

Wie schon einleitend ausgeführt, spielte im Denken der Renaissance unter dem Einfluß spätantiker Geistestraditionen die Idee von der Einheit der Natur eine wichtige Rolle. Charakteristisch war der Gedanke, daß in der universellen Naturordnung zwischem allem eine gegenseitige Entsprechung bestehe. Bereits im Mittelalter wurde die Welt als ein großer Organismus vorgestellt, in dem die kosmischen Vorgänge gedanklich auf das irdische Geschehen bezogen wurden. Derartige Vorstellungen wurden zur Makrokosmos-Mikrokosmos-Lehre entwickelt. Der Mikrokosmos, der Mensch als eine eigene kleine Welt, wurde als Abbild und Gegenbild des Makrokosmos, der großen Welt, aufgefaßt. Er war zugleich Teil des Ganzen und gleichsam dessen verkleinerte Spiegelung: Die hier ablaufenden Prozesse wurden daher weder als autonom angenommen, noch nach religiösem Verständnis als von Gottes Willen allein gelenkt gedacht, sondern schienen ebenso von Vorgängen des Makrokosmos beeinflußt zu sein und ihnen zu entsprechen.

Für ein derartiges Seinsverständnis besaß die Astrologie eine große Bedeutung. In dem geistig stark bewegten und politisch unruhigen Zeitalter der konfessionellen Auseinandersetzungen war das Bedürfnis der Menschen nach Zukunftsgewißheit besonders stark ausgeprägt, wodurch die Astrologie mit ihren prognostischen Sterndeutungen auf ein großes Interesse stieß. Wenn sie auch unter dem Einfluß von Mystizismus und Esoterik zur Scharlatanerie tendierte und so zum Aberglauben beitrug, stellte sie doch mit ihrem Regelwerk ein rationales Entsprechungssystem bereit. Astrologen waren ebenso wie die Astronomen an genauen astronomischen Beobachtungen und Ephemeriden interessiert und wurden so nolens volens zu Wegbereitern positiver Naturerkenntnis.

Kepler kann in seinen astrologischen Schriften als Vertreter einer vom Ansatz her philosophisch begründeten Astrologie gelten. Für ihn ist die Astrologie, wie er in der Einleitung zu seinem großen Tafelwerk (1627) ausführt, jener Teil der Wissenschaft von den Sternen, der sich mit den Wirkungen der Sterne auf die sublunare Welt beschäftigt (KGW X, 36). Offensichtlich ist sie also dem Keplerschen Verständnis nach auch Wissenschaft, und zwar Erfahrungswissenschaft, insofern sie über eigene Methoden verfügt und mehr oder weniger begründete Schlußfolgerungen ausführt. Er möchte, so sagt er in drastischer Weise, an die Stelle des «magischen, sortilegischen (weissagenden) Affenspiels» (Ti *Nr. 75*; KGW IV, 217) eine Wissenschaft setzen. Niemand solle bezweifeln, daß «aus der astrologischen Narrheit und Gottlosigkeit nicht auch eine nützliche Witz und Heiligtum, ... aus dem übelriechenden Mist nicht auch etwa von einer emsigen Hennen ein gutes Körnlin, ja ein Perlin oder Goldkorn herfür gescharret und gefunden werden könnte» (Ti *Nr. 8*; KGW IV, 161).

Die Astrologie sei eine Wissenschaft – diesem programmatischen Postulat scheint zu widersprechen, daß Kepler zwischen 1594 und 1623 nicht weniger als 17, oft als Teil eines Jahreskalenders abgefaßte populär-astrologische Prognostiken publizierte und mehr als 900 Horoskope berechnete, darunter für sozial hochgestellte Persönlichkeiten, aber auch für sich und seine Familienangehörigen. Allerdings führte er die astrologischen Tätigkeiten zum großen Teil entweder von Amts wegen oder in finanzieller Notlage aus (Roßmann 1950).

So schreibt er 1617 an Matthias Bernegger in Straßburg (KGW XVII, 211):

«Ich bin von der Kaiserlichen Staatskasse im Stich gelassen, meine übrigen Mittel sind nicht flüssig, und es scheint, daß die Mutter Astronomie von ihrer Tochter Astrologie, der Dirne (*meretricula*), Unterstützung erbitten muß.»

Und ganz ähnlich heißt es acht Jahre zuvor zum Verhältnis von Astrologie zur Astronomie:

«Es ist wohl die Astrologie ein närrisches Töchterlein, aber lieber Gott, wo wollte ihre Mutter, die hochvernünftige Astronomie, bleiben, wenn sie diese ihre närrische Tochter nicht hätte, ist doch die Welt noch viel närrischer...»
(Ti *Nr. 7*; KGW IV, 161)

In den zumeist auf Anweisung seiner Vorgesetzten abgefaßten Prognostiken mußte Kepler den herkömmlichen Erwartungen insofern nachkommen, als er auch astrologische Vorhersagen über Witterung,

Ernteaussichten, Krankheiten und politische Ereignisse machte. In astro-meteorologischer Hinsicht bemühte sich Kepler besonders darum, auf mögliche Einflüsse der Planetenaspekte auf das Wettergeschehen achtzugeben. Jahrelang machte er Wetteraufzeichnungen und notierte dazu die Aspekte, suchte aber auch nach anderen mitbestimmenden Faktoren, wie etwa nach topographischen Besonderheiten für das lokale Wettergeschehen. Desgleichen mußte er in den Kalendern gewissen iatromathematischen oder astro-medizinischen Vorschriften, denen zufolge bei gewissen Gestirnskonstellationen eine bestimmte medizinische Behandlung auszuführen oder zu unterlassen wäre, Rechnung tragen. Nach astrologisch-medizinischen Regeln wurden die Teile des menschlichen Körpers den 12 Tierkreiszeichen zugeordnet. Ebenso waren bestimmte Wirkungsbereiche für die sieben Planeten – mit Einschluß von Sonne und Mond – festgelegt.

Wenn sich also derartige Angaben auch in den Kalendern Keplers finden, so ergreift er doch bereits in diesen zumeist deutschsprachigen Schriften die Gelegenheit, sich in astrologischen Fragen eher in zurückhaltender Weise zu äußern (KGW XI.2, 453 ff.). In ihrer herkömmlichen Form ist für Kepler die Astrologie nichts anderes als eine Art «Spiegelfechterei», die von der Unerfahrenheit der praktizierenden Astrologen zeuge. Notwendigerweise ist die Astrologie auf die Natur zu beziehen. Denn der menschliche Wille ist an Voraussetzungen in der Natur gebunden. Natürliche Voraussagen, wie die eines Arztes über den Verlauf einer Krankheit, gehen zurecht von natürlichen Ursachen aus.

In gewisser Weise ist auch Kepler von der Makro-Mikrokosmos-Lehre überzeugt. Für ihn gehören ja Polaritäten zum Wesentlichen der Natur. Daher müßten die Begebenheiten im Mikrokosmos in entsprechender Weise auch im großen Kosmos sich zeigen; denn gerade die «Gegenüberstellung des Gegensätzlichen ziert die Natur» (KGW XV, 234). Der Kosmos, die Welt der Planeten, wirkt auf die sublunare Natur und damit auch auf den Menschen durch die Aspekte ein. Der Mensch, aber auch die Erde, besitzen ein seelisches Vermögen, das von den Gestirnsstrahlen angeregt wird. Dabei gehen die wirksamen Aspekte, also die stimulierenden Winkel zwischen den Strahlen von je zwei Planeten in bezug auf die Erde, aus den konstruierbaren regelmäßigen Figuren am Kreis hervor (vgl. Teil III). Der Einfluß der Gestirne ist nicht magischer, sondern psychischer Art. Denn die Wirkung erfolgt über die Stimulierung der Urbilder, die der Seele eingeprägt sind. Stets aber sind natürliche Ursachen für die Einflüsse der Gestirne aufzusuchen; denn»wie nun Gott der Schöpfer gespielet, also hat er die Natur als sein Ebenbild lehren spielen, und zwar eben das Spiel, das er ihr vorgespielt» (Ti *Nr. 126*; KGW IV, 246).

Das Postulat von der notwendigen Begründung astrologischer Elemente aus der Natur mußte Kepler nahezu zwangsläufig zu merklichen Änderungen seiner Konzeption einer «vernünftigeren Astrologie» führen. Die vielleicht wichtigste Abänderung, die er in der Theorie vornahm, war die Zurückweisung der üblichen astrologischen Teilung des Tierkreises in 12 gleiche, aber qualitativ verschiedene Abschnitte und deren Austeilung unter die 7 Planeten durch die Aufstellung von 12 irdischen Häusern oder Feldern (Strauss/Strauss-Kloebe 1981, 34.). Traditionell wurden einem Planeten jeweils bestimmte Herrschaftsbereiche zugewiesen. Seine Qualität als Regent stellt sich dann ein, wenn er sein betreffendes Haus erreicht hat.

Die Zwölfteilung des Tierkreises folgt für Kepler trotz der ungefähr 12 Lunationen in einem Sonnenjahr nicht aus einer natürlichen Ursache, sondern beruht – wie er in der Schrift *De Stella nova* (1606) näher ausführt – auf menschlicher Willkür. Am Schluß des vierten Kapitels schreibt er:

«Um es zusammenzufassen: Die Umstände für den Grund (der Zwölfteilung) unterliegen der menschlichen Willkür, diese Form der Einteilung zu umgreifen. Aus der Natur der geteilten Sache (des Zodiakus) sind sie nicht herzunehmen. Sie drücken keine natürliche, sondern bloß eine mathematische oder arithmetische Teilung aus. Geht weiter, ihr Astrologen, bemüht euch anderswo.» (KGW I, 172.19–22)

Im Gegensatz dazu ist die Vierteilung wegen der täglichen Bewegung – mit Auf- und Untergang sowie oberer und unterer Kulmination – und wegen der jährlichen Bewegung der Sonne (bzw. Erde) mit den vier Kardinalpunkten auf der Ekliptik nachvollziehbar, aber nicht die Unterteilung eines Quadranten in je drei Zeichen (KGW VIII, 70). Daher hält Kepler in seinen allgemeinen Aussagen zur Astrologie nur noch die vier Eckfelder des Horoskops fest: Aufgangs- und Untergangspunkt des Tierkreises (*Aszendent* und *Des-*

zendent) sowie dessen höchsten und tiefsten Punkt (*Medium Coeli* und *Imum Coeli*).

Von daher erübrigt es sich, die Nativität (das Geburthoroskop) für eine Stadt, für ein Land oder für ein Jahr aufstellen zu wollen. Eine Nativität für die Welt oder für Teile von ihr aufstellen zu wollen, hält er für vermessen, die Austeilung der Länder unter die 12 Zeichen des Zodiakus für eine Fabel (Ti *Nr. 117*; KGW IV, 241) und die Nativität eines Jahres für eine lächerliche Phantasie. Denn das Jahr ist kein Wesen und hat anders als der Mensch durch seine Geburt keinen natürlichen Anfang (Ti *Nr. 39*; KGW IV, 183).

Der Mensch empfängt mit der Geburt in seiner Seele ein Abbild der gesamten Himmelskonstellation, also die Formen des Zusammenlaufens der Planetenstrahlen an der Erde. Dadurch wird sein Charakter zu einem erheblichen Teil über die seelische Konstitution geprägt. Während seines ganzen Leben hindurch nimmt er nun bestimmte Aspekte der Planeten, die den Konstellationen zum Zeitpunkt seiner Geburt entsprechen, aufgrund des inneren seelischen Vermögens wahr und läßt sich von ihnen zu seinem Handeln anregen. Allerdings ist die charakterliche Prägung durch die Gestirne nicht vollständig gegeben. Denn durch die nachfolgende «Auffzucht», also durch Erziehung und nähere Lebensumstände, können erhebliche Veränderungen im Temperament und in den allgemeinen Eigenschaften bewirkt werden.

Ein anderer wichtiger Teil der Astrologie war die Lehre von den Direktionen, derzufolge die Sternkonstellationen der Tage nach der Geburt die großen Linien eines Lebens vorzeichnen sollen. Kepler übernahm diese Lehre, weil er sie auf eine natürliche Grundlage gestellt sah. Hiernach soll jeder Tag nach der Geburt, für den das Horoskop neu gestellt wird, Rückschlüsse auf das je folgende Lebensjahr, also im Zeitverhältnis 1:365, erlauben, «der gestalt dann das ganze künftige Leben, *quoad naturales affectiones* (so weit wie die natürlichen Einwirkungen), gleich vom ersten viertheil Jahr an bey dieser des Menschen Natur in einem Büschelin zusammen gewickelt und beygelegt ist» (Ti *Nr. 66*; KGW IV, 210).

Indem Kepler die Einteilung des Zodiakus in 12 Tierkreiszeichen und damit für astrologische Prognosen in 12 Häuser prinzipiell ablehnte, wies er folgerichtig auch die Dreiergruppierung der Tierkreiszeichen, nämlich die des 1., 5., 9. Zeichens in ein feuriges, die des 2., 6., 10. Zeichens in ein erdiges und entsprechend in ein luftiges und wässriges Dreieck als willkürlich zurück. Der aktuelle Anlaß für seine Stellungnahme zu dieser Lehre war das Erscheinen eines überaus hellen Sterns im Sternbild *Ophiuchus* (Schlangenträger) im Herbst 1604; daraus resultierte dann auch die Schrift *De Stella nova*. Zu den drei oberen, nahe beinander stehenden Planeten Saturn, Jupiter und Mars hatte sich ein vierter Stern gesellt, der die Helligkeit von Jupiter erreichte und zudem wie ein Diamant in den Regenbogenfarben funkelte. Wenige Monate zuvor hatte die große Konjunktion von Jupiter und Saturn stattgefunden und dazu noch im Sternbild Schützen, einem «feurigen» Zeichen. Zwei aufeinander folgende Konjunktionen dieser Planeten stehen in der Ekliptik um jeweils 117° bzw. der Zeit nach um 20 Jahre auseinander, so daß 10 aufeinander folgende Konjunktionen in dem Zeitraum von 200 Jahren in eines der vier Dreiecke fallen und die gesamte Periode, in der sich die Reihenfolge der großen Konjunktionen wiederholt, 800 Jahre beträgt *(Abb. 14)*.[6]

Rechnete man zurück, so waren es etwa zwei Perioden dieser Art bis zum Zeitpunkt der Geburt Christi, für den Kepler eine ähnliche Sternkonstellation – große Konjunktion und hinzutretenden neuen Stern – annahm und das Ende des Jahres 7 v. Chr. bestimmte (KGW V, 404f.; Ferrari d'Occhieppo 1994).

Zu diesen *prinzipiellen* Ausführungen Keplers zur Astrologie ist jedoch zu ergänzen: In der astrologischen *Praxis* ist Kepler der Tradition gefolgt, wenn er auch in der Ausdeutung der Nativitäten zurückhaltend gewesen ist. Von all seinen Horoskopen ist das für *Albrecht von Wallenstein* am bekanntesten (List 1971). Eine erste Auslegung der Nativität für «einen böhmischen Herrn» erfolgte im Jahr 1608, hier noch auf der Grundlage der Ephemeriden von *David Origanus*. Sie waren aber wenig zuverlässig und wiesen besonders für Mars, Venus und Merkur erhebliche Ungenauigkeiten bis in den Gradbereich auf (KGW XI.1, 545 f.). Keplers Deutung der Nativität stimmte auch keineswegs mit den Ereignissen in Wallensteins Leben überein. So gab er 1625 eine zweite «Erklärung» mit der um 30 Minuten korrigierten Geburtszeit des Herzogs heraus, rechnete aber weiterhin nach den Ephemeriden des Origanus, obwohl er bereits die Neuberechnung nach eigenen Jahrestabellen auf der Grundlage seiner zwei Jahre später gedruckten *Tabulae Rudolphinae* erwog. Die mit dem Horoskop zusammenhängenden ungeklärten Fragen dürften wohl entscheidend dazu beigetragen haben, daß Wallenstein

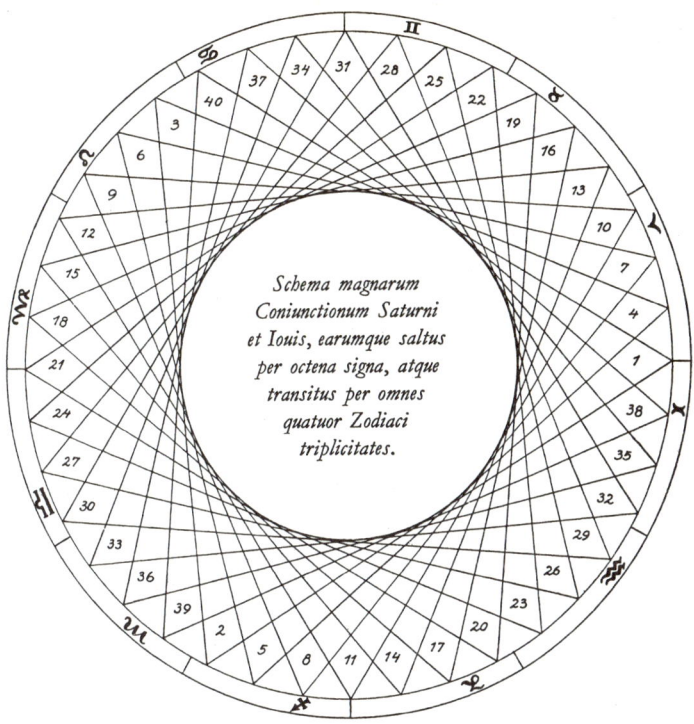

Abb. 14: Die Abfolge der großen Konjunktionen von Jupiter und Saturn
(Mysterium cosmographicum 1596, in: KGW I, 12). In der Figur steht:
Schema der großen Konjunktionen von Saturn und Jupiter und ihrer
Sprünge durch je 8 [muß heißen: 4] Zeichen sowie der
Durchgang durch alle vier Tripel des Zodiakus.

Kepler im Jahr 1628 in seine Dienste nahm. Der kaiserliche Astronom erreichte mit dem kleinen Städtchen Sagan seine letzte Wirkungsstätte, wo er sich auch noch am Ende seines Lebens um die Erfüllung der astrologischen Wünsche des Herzogs von Friedland und Sagan zu bemühen hatte.

III. Die Harmonie der Welt

1. Idee der Weltharmonik und Harmoniebegriff

Zweifellos ist die Frage nach der Struktur und der Ordnung der Welt für Keplers umfangreiche Naturforschungen die zentrale, vorwärtsweisende Idee gewesen, nachdem er bereits in dem im jugendlichen Alter von 24 Jahren publizierten Erstlingswerk *Mysterium cosmographicum* den Grundstein für das Gebäude seiner Weltharmonik gelegt hatte. Im Rückblick auf diesen Entwicklungsprozeß konnte er Anfang 1619 in dem Proemium von Buch V seiner *Harmonice Mundi* das vorläufige Fazit für sein Lebenswerk ziehen:

«Was ich vor 25 Jahren vorausgeahnt hatte ..., was mich veranlaßt hatte, den besten Teil meines Lebens astronomischen Studien zu widmen ..., das habe ich mit Gottes Hilfe ... nach Erledigung meiner astronomischen Aufgabe endlich ans Licht gebracht. In einem höheren Maße, als ich je hoffen konnte, habe ich als wahr und richtig erkannt, daß sich die ganze Welt der Harmonik ... bei den himmlischen Bewegungen findet.»

(WH, 279; KGW VI, 289)

Die Harmonie der Welt in den Himmelsphänomenen zu erkennen und sie auf grundlegende Gesetzmäßigkeiten zurückzuführen ist das fernere erkenntnisleitende Ziel seines Forschens gewesen. Auf diesem Erkenntnisweg hat er die Astronomie reformiert und das Gebiet der Optik durchforscht, hat mathematisches Neuland durchschritten, umfangreiche musiktheoretische Untersuchungen angestellt und schließlich all seine Erkenntnisse im Rahmen einer integralen Natur- und Kosmosauffassung unter dem Gesichtspunkt der Weltharmonie zusammengeführt.

Der wesentliche Bezugspunkt für Kepler ist die Stellung des Menschen in Natur und Kosmos. In all seinen Tätigkeiten stößt der handelnde Mensch an die Grenzen von Endlichkeit und Vergänglichkeit des Daseins und hat doch durch die Unsterblichkeit der Seele und durch die in ihr begründeten vernünftigen Vermögen von Moralität und Erkenntnis Anteil am ewig Göttlichen. Die gesamte Natur ist nach Zwecken eingerichtet, doch der oberste Zweck in dem göttlichen Heilsgeschehen ist der Mensch. Derartige theologisch ausgeformte Gedanken spielen in Keplers geistiger Welt eine wichtige Rolle. Seine Erkenntnissuche ist von christlicher Frömmigkeit getragen, und dies mag wohl ein Grund dafür gewesen sein, daß sein Werk in einer zunehmend säkularisierten Welt weitgehend auf Unverständnis gestoßen ist. Keplers Naturforschungen münden mit den Schlußfolgerungen und Verallgemeinerungen in den Lobpreis Gottes ein, und so wird auch verständlich, warum er sich bereits in der Grazer Zeit in einem Brief an Herwart von Hohenburg als «Priester Gottes am Buch der Natur» bezeichnet hat (Brief Nr. 91, in: KGW XIII, 193.182f.)

Das von Kepler skizzierte Gesamtbild der Welt weist – hier noch im Anschluß an die antik-mittelalterliche Tradition – physische Abgeschlossenheit und kosmologische Endlichkeit auf. Erst diese Qualität läßt ihn die Strukturen des Kosmos erahnen, die nicht anders als in «geometrischen Lettern» (in ebenen Figuren, räumlichen Körpern und Relationen zwischen ihnen) beschrieben sind, ganz so, wie es die Gestaltungsidee der Welt im göttlichen Schöpfungsplan vorgesehen hat. Auf die Erschließung dieses mathematisch-quantitativen Grundzusammenhangs ist Keplers gleichermaßen psychologisch wie theologisch konstituierte Erkenntnislehre gerichtet. Von Anbeginn der Welt an hat der Schöpfer mathematische Größen in sich getragen. Sie dienten zur Ausgestaltung der Welt, damit diese – wie es schon Cusanus ausgesprochen hat – dem Schöpfer ähnlich werde. Ebenso sind die Quantitäten als Urbilder oder Archetypen in die menschliche Seele übergegangen und sind hier präsent, wodurch der Mensch die Kategorie der Quantität unmittelbar erfassen kann. Auf diese Weise wollte Gott den Menschen als sein Ebenbild die Gesetze der physischen Welt erkennen lassen und ihn so zur vertieften Bewunderung seiner Werke führen.

Für Kepler ist überall in der Natur das Wirken einer höheren Macht präsent. Alles in der Welt strebt kraft des Willens und Planes des göttlichen Werkmeisters nach vollendeten Formen und nach vollkommener Ordnung, jedenfalls all das, was von Natur aus ohne Einwirkung des Menschen nach diesem Wirkprinzip tätig ist und sich organisiert. In dieser Weise zeigt sich für Kepler die Welt in einem Gleichmaß von Schönheit als die überhaupt beste und schönste der Möglichkeit nach in der Anschauung einer wunderbaren Ästhetik. Dieser wohlgeordnete Gesamtorganismus steht allerdings im scharfen Kontrast zur dissonanten, von Partikularinteressen und von Streit und Krieg erfüllten Welt des Menschen.

Der Begriff der Harmonie umfaßt also eine allgemeine Gesetzlichkeit, die über die geometrischen Proportionen für ganz unterschiedliche Phänomene wirksam ist und ein bestimmtes, in der Natur selbst begründetes Formprinzip zum Ausdruck bringt (Dickreiter 1973, 25). Die Harmonie ist in der Welt verankert, insofern besitzt sie eine objektive Fundierung. Doch wird sie erst durch die Tätigkeit des Geistes, der die geometrischen Proportionen zwischen den Dingen erkennt, bewußt gemacht; insofern besitzt sie auch ein subjektives Moment.

Eine harmonische Proportion ergibt sich nicht so aus den abstrakten Zahlen, wie die Pythagoreer vermeinten. Indem die Harmonie als eine Wechselwirkung zwischen wirklichen Dingen zustande kommt, ist für Kepler die Realität selbst betroffen. Alle Verschiedenheit, die schließlich zu einer Proportion führt, ist in der Materie begründet. Damit widerspricht er der Lehre von den substantiellen Formen, die in der aristotelisch-scholastischen Sichtweise die notwendigen Bestimmungen des Wesens einer Sache bezeichnen (Cassirer 1922, 351 f.).

In heuristischer Hinsicht verklammert der Harmoniebegriff der Renaissance verschiedene Wissensbereiche miteinander. Als Grundlage des fachübergreifenden Denkens sind mit diesem Schlüsselbegriff vor allem ästhetische Vorstellungen, wie sie am deutlichsten in der Musik zum Ausdruck kommen, verbunden. Daher stellt die Musik im universitären Fächerkanon der sieben *artes liberales* eine fundamentale, verbindende Komponente des wissenschaftlichen Forschens dar (Lombardi 2000).

Dieser Zusammenhalt des Wissens in Musik und Harmonie ist auch für Keplers Arbeiten noch eine selbstverständliche Voraussetzung. Für ihn sind für das Zustandekommen von Harmonien vier Momente wesentlich (KGW VI, 211):

1. Es müssen zwei sinnliche Dinge gleicher Art und in quantitativer Form vorhanden sein, so daß sie miteinander verglichen werden können. Die Quantitäten entsprechen nicht abstrakten, sondern auf konkrete Dinge bezogenen figurierten Zahlen.
2. Erst die vergleichende Seele des Menschen ist in der Lage, die Harmonien mittels der Erkenntnistätigkeit des Geistes nachzuvollziehen.
3. Die sinnlichen Dinge werden in das Innere des Menschen aufgenommen. Dafür muß eine bestimmte Form der Wahrnehmung verantwortlich sein.
4. Schließlich sind geeignete Proportionen zwischen den Dingen, die als harmonische Verhältnisse erkannt werden, zu definieren und zu begründen.

Kepler unterscheidet die sinnlichen Harmonien, die durch die vergleichende Seele an den Sinnesdingen erkannt werden, von den reinen Harmonien, die von den sinnlichen Trägern losgelöst sind. Für die sinnlichen Harmonien bilden die Spezies die Bezugsglieder. Nimmt man die äußeren Dinge weg, so hören auch die Spezies im Wahrnehmungsvorgang auf, doch bleiben die reinen Harmonien dem menschlichen Geist als Idee präsent. Diese Konstitution des Geistes geht der Ausformung der Sinne voran:

«Das dem Geist eingeborene Erkennen der Quantitäten gibt an, wie das Auge sein muß, und daher ist das Auge so beschaffen, weil der Geist so beschaffen ist, nicht umgekehrt.» (KGW VI, 223.29–31)

Die nähere Begründung der Keplerschen Harmonienlehre verweist also unmittelbar in die Mathematik. Für diesen Zusammenhang soll nun darauf eingegangen werden, welchen Stellenwert die Mathematik im geistigen Kosmos Keplers besessen hat.

2. Die mathematische Grundlegung der Harmonienlehre

Bereits im Jahr 1599 – und hier besonders in Briefen an Herwart von Hohenburg und Michael Mästlin – formuliert Kepler Grundzüge seiner Idee der Weltharmonie. Herwart teilt er eine erste Disposition des geplanten Werkes mit, das hier noch den Titel trägt: «Über die Weltharmonik. Eine kosmographische Untersuchung» (Brief Nr. 148, in: KGW XIV, 100). Fünf Bücher oder Teile sind vorgesehen:
1. Ein geometrisches über die konstruierbaren Figuren;
2. ein arithmetisches über die Verhältnisse an den Polyedern;
3. ein musikalisches über die Ursachen der Harmonien;
4. ein astrologisches über die Ursachen der Aspekte;
5. ein astronomisches über die Ursachen der periodischen Bewegungen.

Diese Einteilung hat Kepler noch zwanzig Jahre später weitgehend beibehalten, den zweiten Teil jedoch in Buch III des gedruckten Werkes hineingearbeitet und den ersten Teil in zwei Büchern (Buch I und II) ausgeführt.

Bereits in der Vorstellung dieser frühen Gliederung steht die Geometrie am Anfang der Harmonik und bildet den Grundstein aller Ordnung. In der Ausarbeitung der mathematischen Grundlegung knüpft Kepler an neuplatonische Lehren und hier insbesondere an den Euklidkommentar von *Proklos* an. So zitiert er in Buch I der *Harmonice Mundi* aus dem Kommentar zum ersten Buch der Elemente Euklids und stellt dieses Zitat gleichsam als Motto seiner mathematischen Untersuchungen voran:

«Für die Betrachtung der Natur leistet die Mathematik den größten Beitrag, indem sie das wohlgeordnete Gefüge der Gedanken enthüllt, nach dem das All gebildet ist.» (WH 11; KGW VI, 13)

Nachdrücklich wendet er sich gegen *Pierre de la Rameé* oder Petrus Ramus (1515–1572), der als ein Hauptvertreter der frühen Algebra oder Coss die euklidische Mathematik kritisiert hat. Im besonderen geht es um Buch X der Euklidischen *Elemente* mit der Behandlung der Irrationalitäten, die in den Untersuchungen Keplers in den Verhältnissen der Vieleckseiten zum Durchmesser des umbeschriebenen Kreises auftreten. In seinen Werken hat Kepler auch selber von der cossischen Methode trotz seiner Kritik an ihr Gebrauch gemacht, so in der *Harmonice Mundi* in Anlehnung an *Jost Bürgi* bei der Berechnung der Siebeneckseite (KGW VI, 50 ff.).

Keplers unmittelbare Anknüpfung an den Neuplatonismus in der mathematischen Grundlegung der *Weltharmonik* steht in einem gewissen Gegensatz zu seinen frühen mathematischen Arbeiten, die vor allem von der kritischen Rezeption des *Aristoteles* bestimmt sind. Dies gilt insbesondere für seine philosophische Abhandlung über die Quantitäten in der Mathematik (*De quantitatibus*), die vermutlich in Graz entstanden ist und noch unter dem Einfluß des Tübinger Scholastikers *Jacob Schegk* steht.[1] Schegk hat bis zu seinem Tod 1587 in Tübingen gelehrt, im Anschluß an ihn dann Andreas Planer, der Kepler in die aristotelische Naturphilosophie eingeführt hat. Ebenso ist ein Einfluß von *Philipp Melanchthon*, den Kepler während seines Studiums gelesen hat, denkbar (Cifoletti 1986). In seiner fragmentarischen Schrift begreift Kepler die Mathematik als die theoretische Disziplin, die das angeborene Wissen über die Quantitäten entwickelt, aber auch den sinnlich erfahrbaren Dingen inhärent ist.

Bereits hier blitzt der platonische Gedanke auf, daß die Idee der Weltschöpfung nicht verschieden ist von der Idee Gottes und der Ursprung aller Zahlen von Gott selbst herrührt. Denn die Einheiten der Dinge, die den Zahlen zugrunde liegen, existieren durch die Schöpfung der Dinge (KGW XXI.1, 458 f.). An die Lehre von den Quantitäten schließt Kepler auch in Fragmenten eines Geometrielehrbuchs an (*M9 – M12*, in: KGW XXI.1). Geometrie wird hier wieder in Anlehnung an Aristoteles als Wissenschaft der kontinuierlichen Größen, zu denen Linien, Flächen und Körper gehören, aufgefaßt. So entsteht etwa eine überall teilbare Linie aus der Bewegung eines Punktes. Demgegenüber sind Zahlen diskrete Größen, die nicht durch Grenzmarken (*termini*) geteilt werden können (KGW XXI.1, 523).

Im Vergleich zu diesen frühen, mehr systematischen mathematischen Darstellungen geht es in der mathematischen Grundlegung der Weltharmonik für Kepler vorrangig darum, den Ursprung der Harmonien in den regelmäßigen Figuren aufzuzeigen (Buch I) sowie den geometrischen Auswirkungen ihrer Verbindung nachzugehen (Buch II). Charakteristisch für geometrische Größen sind nun Figuration (*figuratio*) und Proportion (*proportio*), und zwar Figuration für die Größen im einzelnen betrachtet, Proportion hinsichtlich ihrer gegenseitigen Beziehungen. Die Figuration wird, so wie früher schon im Kontinuum ihrer Erzeugung, durch Grenzen vollzogen, wie beispielsweise eine Linie durch Punkte umschlossen und figuriert ist. Sie ist in ihrer Endlichkeit so dem Verstand zugänglich (KGW VI, 15). Einer Proportion liegt dann der Verstandesakt selbst zugrunde.

Grundlegend für die Erzeugung der harmonischen Proportionen sind die regulären Figuren, also solche Figuren, deren Eckpunkte auf ein und demselben Kreis liegen, die gleiche Seitenlänge haben und sich mit Zirkel und Lineal konstruieren lassen. Für diese Qualität der Darstellbarkeit der regelmäßigen Figuren verwendet Kepler den Ausdruck «wißbar» (*scibilis*). Geometrisch «wissen» (*scire*) heißt in Erfahrung bringen, messen durch ein bekanntes Maß. Wißbar ist demgemäß das, was entweder unmittelbar meßbar ist durch den Durchmesser – bei einer Strecke – oder durch deren Quadrat – bei einer Fläche – oder was wenigstens nach einem geometrischen Verfahren aus diesen Größen gebildet werden kann (KGW VI, 21f.). Auch im zweiten Fall ist die Strecke bzw. ihr Quadrat «aussprechbar» (*effabilis*), die, verglichen mit einer vorgegebenen Maßeinheit, sich durch eine ganze Zahl oder durch den Quotienten zweier ganzer Zahlen ausdrücken lassen, also mit der Maßeinheit kommensurabel sind (KGW VI, 23). Obwohl der Begriff «aussprechbar» der Qualität «rational» nahekommt, sind beide Begriffe nicht identisch.[2]

Fünf Konstruktionen stellen sich schließlich für die harmonischen Proportionen als grundlegend heraus (*Abb. 15*):
1. Ein Kreis läßt sich durch einen Durchmesser in zwei gleiche Teile zerlegen (34. Satz).
2. Ein Dreieck (BCD) ist einem Kreis am einfachsten mit Hilfe eines Sechsecks einbeschrieben, dessen Seitenlänge gleich dem Kreisradius ist (38. Satz).
3. Ein reguläres Viereck (Quadrat) läßt sich über den Durchmesser eines Kreises konstruieren (35. Satz).
4. Die Konstruktion eines Fünfecks (BDFHK) in einem Kreis er-

Konstruktion harmonischer Proportionen mittels Kreisteilung

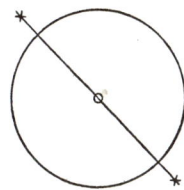
Halbierung durch den Durchmesser

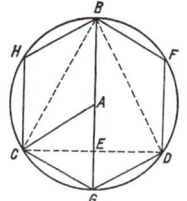
Dreieck BCD mittels Sechseck

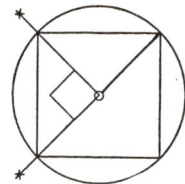
Viereck (Quadrat) mittels Durchmesser

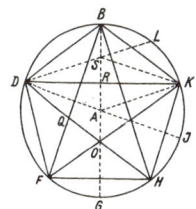
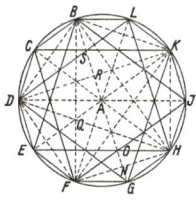
Fünfeck BDFHK aus Zehneck

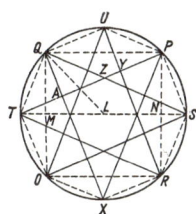
Achteck aus Viereck QORP

Abb. 15: Konstruktion harmonischer Proportionen mittels Kreisteilung:
1. Halbierung durch den Durchmesser; 2. Dreieck BCD mittels Sechseck;
3. Viereck (Quadrat) mittels Durchmesser; 4. Fünfeck BDFHK aus Zehneck;
5. Achteck aus Viereck QORP.

folgt am einfachsten über ein Zehneck (Sätze 41 u. 42). Dabei wird die Zehneckseite FG = FO = x über die stetige Teilung oder den goldenen Schnitt des Kreisradius AG = r gewonnen (27. u. 41. Satz),

mit dem Ansatz y : x = x : r,   wobei x + y = r und x > y = r -x

Dieser Ansatz führt zu dem Wert

$$x = \frac{\sqrt{5}-1}{2} r = 0{,}62\ r\,,$$ der sich entsprechend der stetigen Teilung

über eine Zahlenfolge auch als Grenzwert g(x) ergibt. Dazu wird in Abschnitt c. dieses Kapitels mehr ausgeführt.

5. Ein Achteck schließlich wird leicht über ein Viereck konstruiert (36. Satz).

Sind also diese Kreisteilungen bzw. die daraus hervorgehenden regulären Figuren für den Aufbau der Harmonien konstitutiv, so besitzen sie noch eine besondere Eigenschaft, die Kepler Kongruenz (*congruentia*) der Figuren nennt. Diese Qualität ist eine Folge der Eigenart der regulären Figuren innerhalb der Geometrie und für Kepler zugleich ein Vorspiel zu den Auswirkungen außerhalb der Geometrie, also für die allgemeine Idee der Harmonie von Bedeutung. Unter Kongruenz versteht er – wiederum in Abweichung von dem herkömmlichen geometrischen Verständnis des Begriffes – entweder das lückenlose Aneinanderschließen beliebig vieler derartiger Figuren (Kongruenz in der Ebene) oder die Bildung einer räumlichen Ecke ohne Lücke (räumliche Kongruenz).[3] Für diese geometrischen Konfigurationen sind auch halbreguläre Figuren zugelassen, also solche Figuren (wie beispielsweise die Rhomben), die gleiche Seiten, aber verschiedene Winkel haben (KGW VI, 68–70). Die Ebene läßt sich nun mittels ein und derselben Figur, mittels zweier oder mittels dreier verschiedener Figuren auf vielfache Weise lückenlos ausfüllen (*Abb. 16*).

Diese Aufgabe ist in der Geschichte der Mathematik auch als «Parkettierungsproblem» bekannt; mit diesem hatte sich bereits *Albrecht Dürer* (Nürnberg 1525) beschäftigt.

In der Ausführung vollkommener und regulärer Kongruenzen (*congruentiae perfectissimae et regulares*) von ebenen Figuren lassen sich ebenso räumliche Figuren bilden, und zwar auf fünffache Weise (25. Satz): Vier Dreiecke bilden das Tetraeder oder die Pyramide,

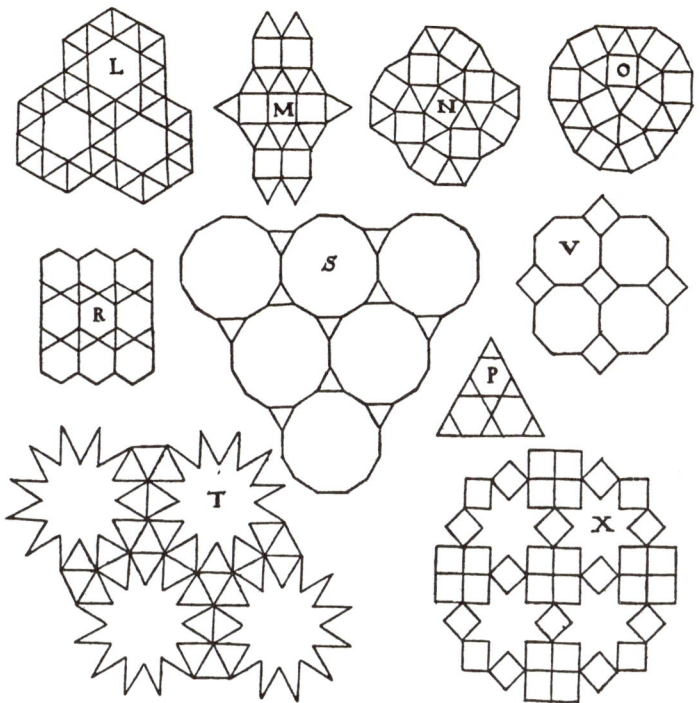

Abb. 16: *Lückenlose Ausfüllung der Ebene mittels zweier verschiedener Figuren.*

acht Dreiecke das Oktaeder, 20 Dreiecke das Ikosaeder, sechs Vierecke (Quadrate) das Hexaeder oder den Würfel, zwölf Fünfecke schließlich das Dodekaeder (*Abb. 17*).

In der Tradition der Antike werden diese fünf regulären Körper oder Weltfiguren (*figurae mundanae*) zu den fünf einfachen Weltkörpern, den vier Elementen Feuer, Luft, Wasser, Erde und der Himmelsmaterie, in Beziehung gesetzt, indem Eigenschaften der Figuren bestimmten Eigentümlichkeiten der einfachen Körper zugeordnet werden. So deutet beispielsweise die aufrechte Stellung des Würfels, der auf seiner quadratischen Basis steht, Festigkeit an, die vorzugsweise auch der Erdmaterie zukommt.

Schließlich lassen sich den vollkommenen regulären Kongruenzen noch zwei andere Kongruenzen hinzufügen, nämlich zwei Stern-

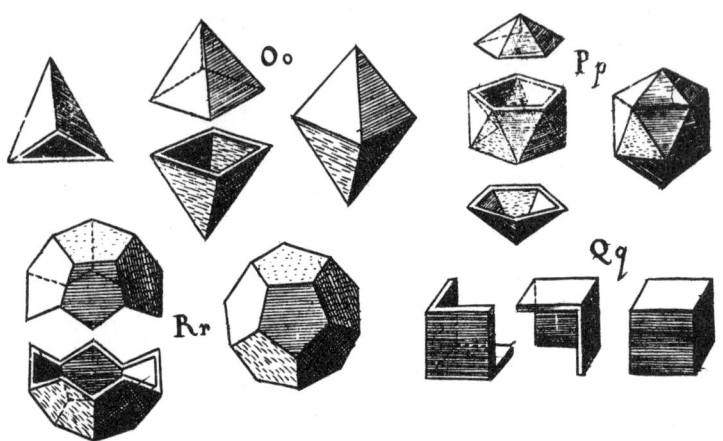

Abb. 17: Vollkommene und reguläre Kongruenz: Bildung der fünf räumlichen Weltfiguren (platonischen Körper) aus den regulären Figuren jeweils der gleichen Art.

polyeder, von denen der eine 12 fünfkantige Ecken, der andere 20 dreikantige Ecken besitzt (26. Satz). Diese Sternpolyeder (*Abb. 18*) sind Keplers genuine Entdeckungen, obwohl sie als räumliche Figuren bereits vorlagen, ohne daß sie als solche den Fachmathematikern in den besonderen Eigenschaften bekannt waren.[4]

Damit ist Keplers mathematische Grundlegung der *Weltharmonik* zu einem krönenden Abschluß gekommen. Mit den inhaltlich gewichtigsten Ausführungen über die Wißbarkeit und Kongruenzen der regulären Figuren hat er Fragen der philosophischen Mathematik berührt und sein Werk zugleich auf eine wissenschaftliche Grundlage gestellt.

3. Harmonien in der Musik

Bei seinen Untersuchungen zur *Weltharmonik* hat sich Kepler auch in musiktheoretische Studien vertieft. Das ist hier besonders herauszustellen, denn als Musikwissenschaftler ist Kepler selbst in

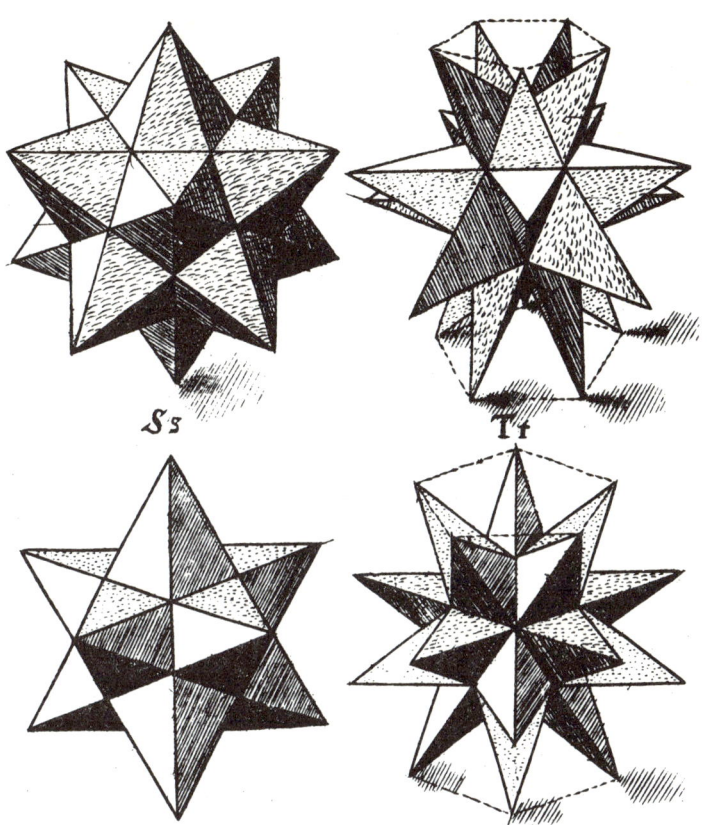

Abb. 18: Keplers reguläre Sternpolyeder aus der Konstruktion räumlicher Kongruenzen mittels ebener Sternvielecke.

der Fachliteratur kaum gewürdigt worden. Dabei hat er sich in vielen Briefstellen zu musikalischen Fragen geäußert, und Buch III der *Harmonice Mundi* ist ausdrücklich der Natur der musikalischen Dinge gewidmet. Der Musikwissenschaftler *Dickreiter* führt diese geringe Rezeption vor allem darauf zurück, daß Kepler den Musikbegriff mit den aktuellen astronomischen Entdeckungen verknüpft hat. Die auf diesem Wege bei ihm einhergehende Konkretisierung der antiken Idee einer «musica mundana» blieb in seiner Zeit weitgehend unverstanden und wurde nicht in adäquater

Weise in die barocke Musikanschauung integriert (Dickreiter 1973, 189).

Die Grundlage für Keplers musikalische Harmonienlehre ist mit den aus der Kreisteilung hervorgehenden regulären Figuren mathematischer Art. Konsonanzen werden als konsonante Proportionen definiert, und zwar in der Weise, daß sowohl der Durchmesser des Kreises als auch die Seiten der regulären Figuren einen Teil des Kreises abgrenzen, der mit dem ganzen Kreis konsoniert. Diese Konsonanzen betreffen unterschiedliche Phänomene, können aber auch in Tonintervalle umgesetzt werden. Dazu wird eine Melodiesaite mit der Länge des Kreisumfangs gespannt und für die Erzeugung von Resonanzen an einem Hohlkörper befestigt (HM III.1, *1.Axiom*). Hier spielt also die empirische Erfahrung des Hörens eine wichtige Rolle.

Die Konstruktion des entsprechenden Klangkörpers ist in einem Brief des Jahres 1607 an Herwart von Hohenburg recht genau beschrieben:

«Über einen Hohlraum, der Resonanz erzeugt, spanne man eine Metallsaite. Mit einem daruntergesetzten Steg oder einem beweglichen Sattel... fahren wir auf der Saite nach rechts und links hin und her, wobei wir immer wieder die beiden Teile der Saite, in die sie durch den Sattel zerlegt werden, anschlagen, den Sattel sodann entfernen und auch die ganze Saite zum Tönen bringen. Das übrige überlassen wir dem Urteil des Gehörs.»
(Brief Nr. 424, in: KGW XV, 450)

Empfindet das Gehör einen Wohlklang, werden die Teilstücke genau ausgemessen. Wenn die ganze Saite in solche Teile zerlegt wird, die einzeln unter sich und mit der ganzen Saite konsonieren, liegt eine harmonische Teilung vor (HM III.2; KGW VI, 114). Beispielsweise führt die Viereckseite zu den Teilstücken 1/4 und 3/4. Die Proportion 3/4 entspricht der Quarte, während das Reststück, zur Quarte ins Verhältnis gesetzt, die konstruierbare Dreiecksseite ergibt, also konsonant ist, 1/4 : 3/4 = 1/3.

Kepler hat durch seine Untersuchungen an der gespannten Melodiesaite des Klangkörpers (*Monochord*) durch das vergleichende Hören die sieben harmonischen Teilungen der Saite innerhalb eines Oktavraumes bestätigen können. Sie ergeben sich als eine bestimmte Zahlenfolge und wachsen aus der Einheit zu dem Keplerschen «Harmonienstammbaum» nach dem folgenden Bildungsgesetz:

$$1/1 \begin{cases} 1/2 \begin{cases} 1/3 \begin{cases} 1/4 \begin{cases} 1/5 \begin{cases} 1/6 \\ 5/6 \end{cases} \\ 4/5 \end{cases} \\ 3/4 \end{cases} \\ 2/3 \begin{cases} 2/5 \\ 3/5 \begin{cases} 3/8 \\ 5/8 \end{cases} \end{cases} \\ 1/2 \end{cases}$$

Der Nenner der nächsten Zahlen ergibt sich aus der Summation von Zähler und Nenner der links davorstehenden Zahl; die Zähler entsprechen den Zähler und Nenner dieser Zahl.

Die harmonischen Verhältnisse bilden	
	die musikalischen Intervalle:
1/2	*Oktave*
2/3	*Quinte*
3/4	*Quarte*
3/5	*Dursexte*
4/5	*Durterz*
5/8	*Mollsexte*
5/6	*Mollterz*

Tab. 1: Harmonische Proportionen und harmonische Intervalle im Oktavraum.

Terzen wie Sexten hängen mit dem Fünfeck zusammen, entweder über die ganze Seitenlänge, wie z.B. bei 4/5, oder über das abgeschnittene Stück, wie z.B. bei 5/6. Da nun seit Euklid das Fünfeck über das Zehneck mit Hilfe der stetigen Teilung oder des goldenen Schnittes konstruiert wird, sind auch Terzen und Sexten mit dieser Idee verknüpft (Dickreiter 1973, 46). Die stetige Teilung entspricht einer bestimmten, bereits oben am Harmonienstammbaum ersichtlichen Zahlenfolge, die schließlich zu dem in Abschnitt III.2 abgeleiteten Wert für die Seite des Zehnecks führt. Diese Folge ist in der Geschichte der Mathematik als *Fibonaccische Zahlenfolge* bekannt, benannt nach dem italienischen Mathematiker *Fibonacci* oder *Leonardo von Pisa* (1179-ca. 1240).

Der Quotient aufeinanderfolgender Glieder nähert sich immer

mehr dem Zahlenwert des «goldenen Schnitts» an. Diese fortlaufende Annäherung hat Kepler in einem Brief an den Leipziger Mediziner Joachim Tanckius des Jahres 1608 symbolisch als Zeugungsvorgang gedeutet. Diese Ausführungen sind recht launig gehalten. Von größerem, vor allem naturphilosophischem Interesse ist jedoch seine kritische Einschätzung der Verwendung von Symbolen, indem er schreibt:

«Auch ich spiele ja mit Symbolen; ich habe ein kleines Werk angelegt, *Cabala Geometrica*. Es handelt von den Ideen der Naturdinge in der Geometrie. Allein, ich spiele so, daß ich dabei nie vergesse, daß ich spiele. Denn mit Symbolen wird nichts bewiesen, nichts Verborgenes in der Naturphilosophie durch geometrische Symbole enthüllt, vielmehr werden nur vorher schon bekannte Dinge zusammengefügt.»

(Brief Nr. 493, in: KGW XVI, 158)

Die beiden genannten Zahlenfolgen beginnen mit den folgenden Gliedern:

Fibonacci-Folge:

   1   1   2   3   5   8 13   21   34   55   etc.

Reihe der Quotienten:

   1 0,5 0,67 0,60..0,625 0,615 0,6190 0,6176 0,6182

mit der bemerkenswerten Eigenschaft, daß aufeinanderfolgende Glieder einen Überschuß – bei Kepler ein männliches Glied – bzw. einen Fehlbetrag – bei Kepler ein weibliches Glied – gegenüber dem Grenzwert aufweisen.

Der Grenzwert g pendelt sich schließlich auf

$$g = \frac{\sqrt{5}-1}{2} = 0{,}61803 \text{ ein.}$$

Der wahre Grund für die sieben harmonischen Harmonien, für die Teilungen der Saite wie auch für die Konstruktion der fünf regulären Körper, liegt also in dem gemeinsamen Ursprung der regulären ebenen Figuren. Das eigentliche Ziel der Begründung der Harmonien ist mit der Übereinstimmung der gehörmäßigen, also sinnlichen Wahrnehmung und der mathematischen Herleitung erreicht. Auf diesen Grundlagen hat Kepler dann die weiteren naturphilosophischen und astronomischen Untersuchungen in den Büchern IV und V der *Harmonice* aufgebaut.

Auf welchem Wege hat Kepler die erforderlichen Kenntnisse für seine musiktheoretischen Untersuchungen erworben?

Bereits während der sechs Schuljahre in Adelberg und Maulbronn erhielt er durch das tägliche Singen und den wöchentlich abgehaltenen theoretischen Musikunterricht eine solide musikalische Grundausbildung. An der Universität Tübingen wurde diese Musikpflege praktisch und theoretisch weiter vertieft, war hier doch noch immer die humanistische Musiktradition innerhalb des mathematischen Vierfächerkanons (*Quadrivium*) der Artistenfakultät lebendig.

Später kamen eigene musiktheoretische Studien hinzu. Neben den antiken Klassikern las er auch zeitgenössische Werke, wie die des Leipziger Thomaskantors *Sethus Calvisius* (1556–1615), mit dem Kepler im Briefwechsel stand. Vor allem orientierte er sich an einer der wichtigsten musiktheoretischen Schriften der Renaissance, dem *Dialogo della musica antica et moderna* von *Vincenzo Galilei* (ca. 1529–1591). Der Autor, Vater des berühmten Naturforschers *Galileo Galilei*, war Mitglied der Florentiner Camerata. Diese Vereinigung war mit dem Haus des Grafen *Giovanni Bardi* verbunden und bestand aus Humanisten, Musikern und Musikliebhabern, die sich um eine stärkere Beachtung der antiken Musikpraxis bemühten.

Aus Galileis Werk (Galilei 1581 u. 1602) machte sich Kepler wörtliche oder paraphrasierende Auszüge, die er durch eigene kommentierende Bemerkungen ergänzte (Mss IV, 165–170; KGW XXI,2).[5] Für die Ausarbeitung der *Harmonice Mundi* gab ihm Galileis *Dialogo* in der Einschätzung der griechischen Musiklehre wie auch in der Darstellung aktueller musiktheoretischer Problemstellungen eine wertvolle Hilfestellung. Im besonderen konnte er auf Galilei im Zusammenhang mit Fragen der musikalischen Intervalle, der Teilung des Monochords, der Notation der Töne, der Liedtransponierung in eine andere Stimmung, der verschiedenen Modi und der durch Tonfolgen bewirkten Affekte verweisen.

Neben der Lektüre des Buches sind auch die näheren Umstände dieses Studiums bemerkenswert. In Württemberg war Keplers Mutter Katharina als Hexe verleumdet worden und hatte vorübergehend bei ihrem Sohn Johannes in Linz Zuflucht gefunden. Nun war sie nach mehr als neun Monaten Abwesenheit im September 1617 in die Heimat zu ihrer Tochter Margarete zurückgekehrt. Kepler wollte gleichfalls in die schwäbische Heimat reisen, um vor Ort die Angelegenheiten seiner Mutter zum Besseren zu wenden. Da erreichte ihn aus Walderbach bei Regensburg die Nachricht vom Tod seiner Stieftochter Regina aus erster Ehe, die dort mit Philipp Ehem verheiratet war. Dieser bat Kepler inständig, ihm seine 15jährige Tochter Susanna zur Tröstung seiner drei Kinder und zur Besorgung des Haushalts vorübergehend zu überlassen. So reiste Johannes im Oktober 1617 mit Susanna per Schiff von Linz nach Regensburg, um dann seine Reise nach Württemberg zu Pferde fortzusetzen. Da erwartungsgemäß die Schiffsreise recht langsam vor sich ging, nahm er als Reiselektüre das Buch von Galilei mit. Er wollte sich von seinen familiären Sorgen durch die Lektüre ablenken lassen.

Trotz der ungewohnten italienischen Sprache las er drei Viertel des Buches mit großem Vergnügen. Über seine Lektüre schrieb er nach seiner Rückkehr mit Susanna nach Linz drei Monate später an den Kaiserlichen Rat Wacker von Wackenfels:

«Ich fand darin einen ausgezeichneten Schatz alten Wissens, und obgleich ich in der Sache selbst anderer Meinung bin als er, freute ich mich doch über die gewandte Art, mit der er die gegenteilige Ansicht vertritt und auf mathematischem Gebiet den ausdrucksvollen Redner spielt, besonders wo er die alte Musik rühmt und die neue herabsetzt.»
(Brief Nr. 783, KGW XVII, 254)

Die wichtigste musiktheoretische Vorarbeit war aber nicht die kritische Durchsicht des Galileischen Werkes, sondern die nähere Beschäftigung mit der Harmonik von *Klaudios Ptolemaios,* die bis heute als die systematischste und umfassendste antike Abhandlung über Musiktheorie gilt. Bis zum Jahr 1618 hatte Kepler die Übertragung großer Teile des dritten Buches aus dem Griechischen und die Kommentierung abgeschlossen und wollte sie der *Harmonice Mundi* als Anhang hinzufügen.

Der Grund dafür, daß sich Kepler hauptsächlich mit Buch III der Ptolemaischen Harmonik beschäftigt hat, geht aus der inhaltlichen Gliederung dieses Werkes klar hervor:
1. Grundlagen: Töne, mathematische Berechnungen und akustische Ausführungen (I.1–10);
2. Musikalischer Teil: Intervallehre, Tongeschlechter, Oktavgattungen, der fünfzehnsaitige Kanon, Stimmungen (I.11–III.2);

3. Einleitendes zur philosophischen Begründung der Harmonienlehre (III.3-4);
4. Vergleich zwischen den Verhältnissen der Töne und der menschlichen Seele (III.5-7);
5. Vergleich zwischen den Verhältnissen der Töne und den Bewegungen und Aspekten der Planeten (III.8-13);
6. Vergleich zwischen den Tönen und den Bahnverhältnissen und Eigenschaften der Planeten (III.14-16).

Die Entstehungsgeschichte der nahezu vergessenen Arbeit Keplers über dieses antike musikwissenschaftliche Werk von Weltgeltung führt in das Jahr 1607 zurück, als er vom bayerischen Kanzler *Herwart von Hohenburg* aus München die sehnsüchtig erwartete griechische Ptolemaios-Handschrift erhielt. Er verglich den Text mit der ihm vorliegenden, aber unzureichenden Übersetzung von *Gogavinus* (Venedig 1562) und begann mit der eigenen Übertragung ins Lateinische. Diese Arbeit blieb dann viele Jahre hindurch liegen, bis er sie nach dem Tod seines am 18. Februar 1618 verstorbenen Töchterchens *Katharina* wieder aufgriff, um sich von seinem Kummer abzulenken, und zügig abschloß. In Fortsetzung der fragmentarischen Erklärungen von Buch I und Buch II durch den Neuplatoniker *Porphyrios* (ca. 234-305/10) wollte er seine Anmerkungen als teils erklärenden, teils kritischen Kommentar zu Buch III verstanden wissen (Mss IV, 39-132; KOO V, 335 ff.; KGW XXI,2).

An dem Plan, seine Ptolemaios-Arbeit als Anhang der *Harmonice Mundi* hinzuzufügen, hielt er, wie die gedruckte Inhaltsangabe von Buch V belegt (KGW VI, 290), selbst noch zu Beginn der Druckarbeiten bis zum Februar 1619 fest. Zu dem Druck der Appendix in der angegeben Form ist es jedoch nicht gekommen, weil der Text, der insgesamt 30 Bogen umfaßt hätte, zu umfangreich war und außerdem der begonnene «böhmische Krieg» erhebliche Probleme für den Druck mit sich brachte. So mußte sich Kepler im Anhang von Buch V mit einer dreiseitigen Zusammenfassung begnügen.

Hier sei noch kurz auf Keplers musikphilosophischen Kommentar im Anschluß an die Einleitung des Ptolemaischen Werkes der Kapitel 3 und 4 von Teil III eingegangen (KOO V, 335-349).[6]

Zunächst erörtert Ptolemaios, in welchen wissenschaftlichen und philosophischen Zusammenhang die Lehre von den Harmonien oder der Harmonik einzuordnen sei.

Kepler zufolge verkennt Ptolemaios, daß das harmonische Vermögen ein Zweck ist. Die Dinge, zwischen denen die harmonischen Proportionen bestehen, sind so beschaffen, um als Schöpfung Gottes dem Betrachter zu gefallen. Für das Vermögen, die Harmonien zu erkennen, kommen allein Seele und Vernunft in Frage. Indem sich die Konsonanzen am Kreis herleiten lassen, muß auch die Natur, die sich durch Harmonien auszeichnet, an der Ratio teilhaben.

Die mathematische Wissenschaft nennt Ptolemaios in diesem Zusammenhang die gemeinsame Wissenschaft der rationalen Formen. Diese kommen für Kepler aber nicht in den äußeren Erscheinungen, sondern in den ihnen zugrunde liegenden Dingen, die für das Zustandekommen der Harmonien ursächlich verantwortlich sind, zum Ausdruck. Die Harmonien werden durch das Sehen der geometrischen Figuren und durch das Hören der Klänge sinnlich wahrgenommen. Das Sehen bezieht sich generell auf einen Gegenstand *im Sein*, das Hören auf einen solchen *im Werden*. Der Blitz geht dem Donner voran, obwohl der Ursprung beider derselbe ist. Das Sehen erfolgt in einem einzigen Moment, während das Hören in der Zeit geschieht.

Für Ptolemaios wirkt die harmonische Kraft als Ursache für das Gleichmaß von Bewegungen am deutlichsten in der menschlichen Seele und in den himmlischen Sphären. Alles, was die Natur regiert und umfaßt, hat Anteil am mathematisch ausdrückbaren Ebenmaß der Vernunft.

Nach Überzeugung Keplers trägt jedoch jedes Geschöpf das Prinzip der Bewegung letztlich in sich selbst und ist dabei im Besitz von Vernunft oder Instinkt. In ihrer Wesenheit sind die Geschöpfe harmonisch beschaffen, aber nicht weil sie sich bewegen, sondern weil sie Abbilder Gottes (*exemplaria Dei*) sind. Die Vernunft kann die äußeren Dinge frei gestalten, doch ist diese Freiheit den Naturgesetzen (*legibus naturae*) unterzuordnen.

Bei den Himmelsbewegungen hat der Schöpfer durch das Urbild (*Archetypus*) ermöglicht, die langsamste Bewegung eines Planeten in seiner Bahn an die Idee der schnellsten Bewegung harmonisch anzupassen, obwohl die Planeten ungleichförmig bewegt sind. Diese Proportionen spielen in Keplers Vorstellungen von der Harmonie der Welt eine entscheidende Rolle und sind in *Harmonice Mundi V.4* näher begründet. Im menschlichen Gesang genügt sogar eine einzige Stimme, um harmonische Intervalle zu erzeugen, weil der Geist und das, was er in der Erinnerung aufbewahrt hat, sein Archiv (*archivum*),

Urheber des Gesanges sind. Es ist so, als ob der Geist Modulationen einer anderen Stimme hören würde, weil er sich gewissermaßen mit dem wahrgenommenen Lied verbindet und er die klanglichen Intervalle mit den harmonischen Proportionen vergleicht. Derartige Hilfsmittel sind allerdings für die Wahrnehmung der Veränderungen der Materie nicht gegeben.

Insgesamt haben Keplers musiktheoretische Darlegungen, die immer wieder an das klassisch-antike Erbe und an den zeitgenössischen Diskurs anschließen, ein hohes fachwissenschaftliches Niveau und sind von philosophischer Tiefe gekennzeichnet. Wenn sie auch nicht zu völlig neuen Gefilden der Musik überleiten, bilden sie doch einen wichtigen, heute nicht mehr zu übergehenden Teil seines großen Opus.

4. Aspektenlehre

Die Lehre von den Aspekten, seit der Antike wesentlicher Teil der theoretischen Grundlagen der Astrologie, bleibt auch für Kepler in den astrologischen Begründungszusammenhang eingebunden. Wie seine Ausführungen in der Korrespondenz, den astrologischen Schriften, Prognostiken und Ephemeriden erkennen lassen, wird die Aspektenlehre von ihm weiter modifiziert und darüber hinaus in die Konzeption von der Harmonie der Welt integriert, erhält also eine erkenntnislogische Zuordnung innerhalb seiner Naturphilosophie. Im inneren Aufbau der *Harmonice Mundi* geht die Darstellung der Aspekte (HM, IV) den Ableitungen der Harmonien der Himmelsbewegungen (HM, V) voran. Denn sie werden als harmonische Konfigurationen der Gestirnsstrahlen an der als punktförmig gedachten Erde bewirkt und bilden so das geozentrische Gegenstück zu den vollkommenen, in bezug auf die Sonne bestimmten Harmonien der Planetenbewegungen. Die Aspekte sind durch gewisse Winkel zwischen den von der Erde wahrgenommenen Strahlen zweier Planeten gegeben. Ein Aspekt wird also zwischen den geozentrischen Örtern zweier Himmelskörper gebildet und als dazugehöriger Bogen auf der Ekliptik oder als Differenz in ekliptikaler Länge der Größe nach bestimmt.

Bereits in seinem Erstlingswerk *Mysterium cosmographicum* von 1596 (MC, Kap. 12) hat Kepler die Aspekte aus den regulären Kreisteilungen abgeleitet, sie zunächst aber noch auf die musikalischen Konsonanzen bezogen. Da sich über die Konstruktion der regulären Figuren im Kreis sieben harmonische Proportionen und ebenso viele harmonische musikalische Intervalle im Oktavraum bilden lassen, ergeben sich – die in sich identische Richtung oder den Grundton (*unisonus*) miteingeschlossen – acht verschiedene Aspekte:

Kreis-teilung	Winkel	Ton	Aspekt (*lat.*)	Aspekt (*deutsch*)
0	0°	G	conjunctio	Konjunktion
1:6	60	b	sextilis	Sextil (Sechstel)
1:5	72	h	quintilis	Quintil (Fünftel)
1:4	90	c	quadratus	Quadrat (Viertel)
1:3	120	d	trinus	Trigon (Drittel)
3:8	135	dis	sesquiquadratus	Trioktil – (3/8)
2:5	144	e	biquintilis	Biquintil – (2/5)
1:2	180°	g	oppositio	Opposition

Tab. 2: Die ursprünglich acht Aspekte.

Den fünf von der Antike her bekannten Aspekten: Konjunktion, Opposition, Quadrat, Trigon und Sextil fügt er aus den oben angeführten Gründen seiner Harmonielehre zunächst mit Quintil, Biquintil und dem Dreiachtel-Aspekt drei neue Aspekte hinzu. Noch 1607 hält Kepler an dieser gegenseitigen Zuordnung von geometrischen Kreisteilungen, harmonischen musikalischen Intervallen und Aspekten fest (Brief Nr. 436, in: KGW XVI, 8f.).

Je mehr er sich aber mit der *naturphilosophischen* Begründung der Wirkung der Aspekte auseinandersetzt, desto mehr rückt er von der ersten umfassenden harmonikalen Konzeption ab. Kepler ist generell davon überzeugt, daß das Erdreich himmlische Wirkungen in sich aufnimmt und eigene Reaktionen zeigt. Wie die Menschen besitzt auch die Erde eine Seele, die auf die Aspekte reagiert. Die Erde ist gleichsam ein Tier, sowohl dem physischen Aufbau nach, wie den Affekten entsprechend. So entsprechen die Pflanzen den Haaren, die Metalle dem Blut und dem Schweiß usw.; allerdings sind bei ihr die Gliedmaßen entbehrlich. Die Atmung der Landtiere entspricht dem halbtägigen An- und Abschwellen des Meeres, wodurch sich die Erde der Mondbewegung und der scheinbaren Bewegung der Sonne anpaßt (HM IV.7).

An den mit dem Wasserkreislauf zusammenhängenden meteorologischen Erscheinungen ist die Erdseele ursächlich beteiligt. Darüber hat sich Kepler außerhalb der *Harmonice Mundi* besonders in seinen *Prognostiken* detailliert geäußert. Die Erdseele reguliert den Wasserzyklus in der Weise, daß Regen- und Meerwasser durch Erdkanäle in das Erdinnere hinabfließt, durch natürliche Hitze als Wasserdampf aufsteigt und in den Bergen wie in einem Dampfkessel wieder zu Wasser wird. In ihrem Wirken wird die Erdseele von den Aspekten angetrieben. Sie reagiert, «wan ihr die aspect pfeiffen» (KGW XI.2, 48). Von einer mittelbaren Wirkung der Aspekte auf die Erscheinungen der sublunaren Sphäre, der Welt unterhalb des Mondes, ist Kepler zwar überzeugt, so auch von ihrer Beeinflussung des Wetters, doch sind dafür die Gegebenheiten auf der Erde zumindest mitzubedenken.

Gerade dieser offenbar empirisch nachweisbare Zusammenhang der Wettererscheinungen mit den wirksamen Aspekten (*aspectus efficaces*) haben Kepler schließlich dazu geführt, weitere Aspekte zu berücksichtigen. So wird die sublunarische Natur auch vom Halbsextil (30°) angestachelt, während bestimmte Witterungseinflüsse beim Trioktil (135°) empirisch kaum zu bestätigen sind (HM IV.6). Daher können die harmonischen Proportionen doch nicht Ursache der Aspekte sein, obwohl zwischen beiden eine enge verwandtschaftliche Beziehung besteht. Ihr gemeinsamer Ursprung wird von Kepler schließlich auf die einem Kreis einbeschriebenen regulären Figuren zurückgeführt. Als weitere reguläre Figuren greift er in einem Brief des Jahres 1622 an den Leipziger Mathematiker *Philipp Müller* neben dem Zwölfeck (für die Darstellung der Aspekte $1/12 = 30°$ und $5/12 = 150°$) noch auf das Zehneck (für $1/10 = 36°$ und $3/10 = 108°$) zurück (Brief Nr. 938, in: KGW XVIII, 133). Als weiteren Aspekt gibt er hier noch den auf der Konstruktion des Achtecks basierenden $1/8$–Aspekt ($= 45°$) an, so daß insgesamt 13 Aspekte gebildet sind, also zu den acht oberen fünf weitere hinzukommen. Sie seien in der folgenden Tabelle nochmals dargestellt:

Kreis-teilung	Winkel	Aspekt (*lat.*)
1:12	30°	semisextus
1:10	36	decilis
1:8	45	sesquadrus
3:10	108	tridecilis
5:12	150°	quincunx

Tab. 3: Fünf neue Aspekte.

In der konkreten funktionalen Bestimmung der Aspekte rückt Kepler also von ihrer direkten Zuordnung zu den harmonischen Intervallen ab. Nicht die Musik bildet die Aspekte, sondern beide werden von der Geometrie gestaltet, jedoch nach verschiedenen Gesetzen:

«Denn es ist harmonisch in der Musik und wirksam im Wetter, was stets von einer ausgezeichneten Figur herrührt, weil sie in der Geometrie einzigartige Vorrechte besitzt». (HM IV.6; KGW VI, 261)

Für die Erzeugung der Konsonanzen ist gemäß der früher dargelegten geometrischen Herleitung ihre «Wißbarkeit», also ihre geometrische Konstruierbarkeit am Kreis durch ein bekanntes Maß entscheidend. Dagegen gibt für die Aspekte die geometrische Eigenschaft der räumlichen Kongruenz der Figuren den Ausschlag, wodurch sich die Zahl der Aspekte begrenzen läßt.

Der Winkel einer wirksamen Konfiguration wird durch den Bogen des Tierkreises gemessen, den die Seite einer kongruenten und wißbaren Figur oder eines entsprechenden Sternes abschneidet. Dessen Winkel ist dann Maß des Winkels des jeweiligen Aspekts (HM IV.5, Axiome I u. II; vgl. *Abb. 19*).

Außer der Konjunktion, bei der die beiden Strahlen von derselben Richtung herkommen und ein bestimmter Punkt auf dem Kreisumfang markiert wird, ergeben sich die anderen 12 wirksamen Konfigurationen entsprechend der Konstruktion in dem folgenden Tableau:

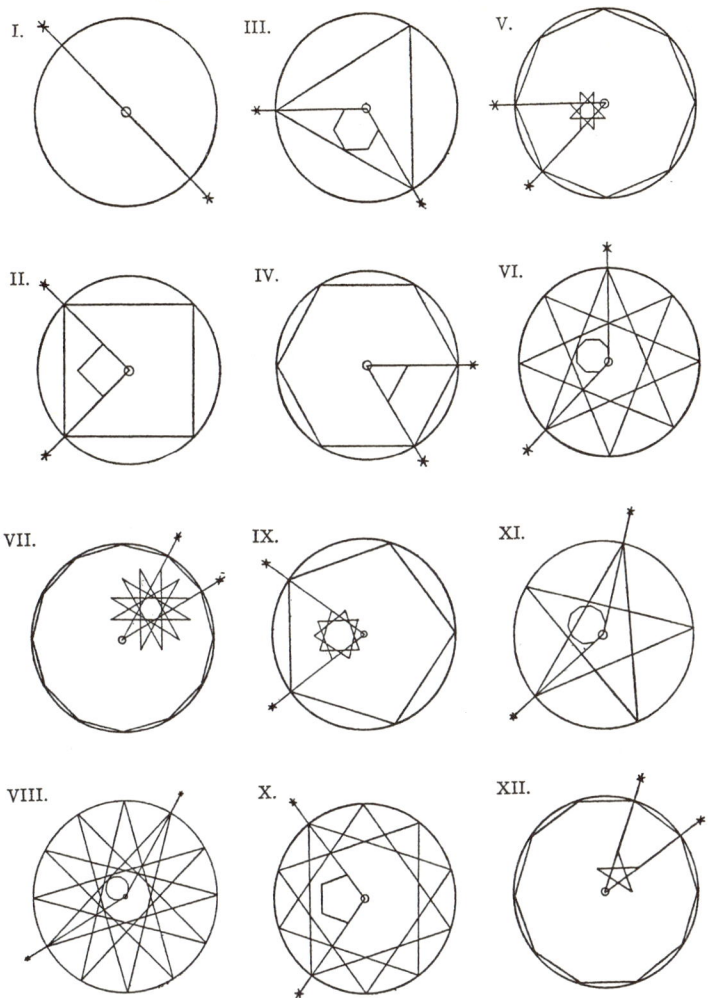

Abb. 19: Erzeugung der wirksamen Konfigurationen mittels regulärer Vielecke und Sterne.

Nr.	Aspekt	Winkel	Konstruktion *mittels*
I	Opposition	180°	Kreisdurchmesser
II	Quadratur	90	Viereck
III	Trigon	120	Dreieck
IV	Sextil	60	Sechseck
V	Oktil	45	Achteck
VI	Trioktil	135	Achteckstern
VII	Halbsextil	30	Zwölfeck
VIII	Quincunx	150	Zwölfeckstern
IX	Quintil	72	Fünfeck
X	Tridezil	108	Zehneckstern
XI	Biquintil	144	Fünfeckstern
XII	Dezil	36°	Zehneck

Tab. 4: Erweiterte Zahl der Aspekte und Kreiskonstruktion.

In dieser Weise ist auch die Wirksamkeit der Aspekte in der sublunaren Sphäre in den Systemaufbau der *Harmonice Mundi* mathematisch eingebunden.

5. Harmonien der Himmelsbewegungen und das dritte Kepler-Gesetz

Nach der Würdigung der harmonischen Konfigurationen der Planeten durch die sublunarische Natur der Aufstieg zu den Himmelsbewegungen selbst! Nun also der Höhepunkt der Keplerschen Untersuchungen zur Weltharmonie in der Entdeckung der harmonischen Abstimmung des Planetensystems nach konsonanten Verhältnissen!

Dazu heißt es zum Abschluß der *Harmonice Mundi*, die harmonischen Proportionen seien als Abkömmlinge der ebenen regulären Figuren mit den fünf regulären Körpern zu verbinden, um aus diesen beiden Figurenklassen ein vollkommenes Urbild des Himmels zu formen. Während die regulären Körper die Idee der Sphären zum Ausdruck bringen, ist in den Harmonien der eigentliche Ursprung für die Form der Planetenbahnen in Verbindung mit der entsprechenden Regelung der Planetenbewegungen enthalten (KGW VI, 330). In den Urharmonien finden also die Exzentrizitäten der Planetenbahnen und die Umlaufzeiten der Planeten ihre ursächliche – das heißt hier: die dem schöpferischen Prinzip adäquate – Erklärung. In diesem konzeptionellen Aufbau spielt, wie noch zu zeigen sein wird, das dritte Kepler-Gesetz eine herausragende Rolle.

Damit schließt sich, angefangen bei den regulären geometrischen Kreisteilungen über die musikalischen Konsonanzen bis hin zu den Himmelsbewegungen, der harmonikale Themenkreis. Als Träger der harmonischen Himmelsbewegungen erweisen sich schließlich die in bezug auf die Sonne durchlaufenen Tagesbewegungen der Planeten in den Extrempunkten (*Apsiden*) ihrer elliptischen Bahn.

Für Kepler sind diese extremen Himmelsbewegungen vom Schöpfer nach den harmonischen Beziehungen eingerichtet. Wiederum kommt in diesem System der Sonne der vorzüglichste Platz zu. Denn das vernünftige Vermögen der Bewegungen geht von der Seele der Sonne aus, die Urheberin der Rotation des Sonnenkörpers um die Achse und so auch der Bewegung aller Planeten ist. Auch ihnen kommt nach dem Muster der sublunaren Natur Vernunft zu, wie eben auch die Erde eine in ihrem Innern verborgene Seele und eine instinkthafte Vernunft (*instincta ratio*) ohne Reflexion besitzt (KOO V, 349).[7]

Harmonische Proportionen bestehen sowohl zwischen den Bahnbögen an den extremen Punkten innerhalb einer Planetenbahn, als auch zwischen den extremen Bewegungen in den nächsten Apsiden zweier von außen nach innen aufeinanderfolgender Planeten. Für die Bildung der Proportionen werden noch innerhalb der zulässigen Grenze einer Diesis – des kleinen chromatischen Halbtons (24/25) – geringe Auf- oder Abrundungen der Zahlenwerte vorgenommen.

Für Kepler ist hier die Abstimmung der Harmonien untereinander so eindeutig gegeben, daß sie sich gegenseitig «gleichsam als Teile eines einzigen Bauwerks tragen» (HM V.5, in: KGW VI, 317). Um identische Konsonanzen aufzuspüren und sie dann in Tonfolgen anzuordnen, werden nun die harmonischen Intervalle durch fortgesetzte Halbierung auf eine Oktave reduziert. Diese Reduktion auf einen Oktavraum ist aus der nachstehenden Tabelle ersichtlich.

Saturn	A a P b	1'46" 2 15	1'48" 2 15	a/b = 4/5 große Terz	b/c = 1/2 Oktave
Jupiter	A c P d	4 30 5 30	4 35 5 30	c/d = 5/6 kleine Terz	d/e = 5/24 Doppeloktave mit kleiner Terz
Mars	A e P f	26 14 38 1	25 21 38 1	e/f = 2/3 Quinte	f/g = 2/3 Quinte
Erde	A g P h	57 28 61 18	57 28 61 18	g/h = 15/16 kleine Sekunde	h/i = 5/8 kleine Sexte
Venus	A i P k	94 50 97 37	94 50 98 47	i/k = 24/25 diat. Halbton (Diesis)	k/l = 3/5 große Sexte
Merkur	A l P m	164 0 384 0	164 0 394 0	l/m = 5/12 Oktav mit kleiner Terz	

Tab. 5: Harmonien zwischen den Bewegungen in extremen Bahnpunkten.

Aufrundungen sind mit dem – Zeichen, Abrundungen mit dem +Zeichen gekennzeichnet. Eine Zuordnung der Bewegungen zu den Tönen – und zwar zunächst in der Dur-Tonart – erfolgt in der Weise, daß die langsamste Bewegung, die Saturnbewegung im Aphel von 1'46", den tiefsten Ton G im System erhält. Dieselbe Stufe nimmt auch die Erde im Aphel ein (mit 1'47"), nur fünf Oktaven höher. Die um rund ein Viertel größere Bewegung tritt im Perihel des Saturn auf, und daher erhält die Bewegung von 2'15" unter Auslassung von A die Note h zugewiesen usw. In ähnlicher Weise werden, wenn dem Saturn nun im Perihel die Note G zugewiesen wird, aus den Bewegungen die Töne innerhalb einer Oktave des Moll-Geschlechts gebildet.

So sind «am Himmel auf zweifache Weise gleichsam in beiden Tongeschlechtern die Tonleiter oder das System einer einzigen Oktave ausgedrückt mit allen Stufen, durch die sich in der Musik der natürliche Gesang bewegt».

(HM V.5, in: KGW VI, 320)

Planet	Extrem-punkt	tägliche Bewegung	dividiert durch	reduzierte Bewegung
Merkur	Perihel	384' 0''	$2^7 = 128$	3' 0''
	Aphel	164 0	$2^6 = 64$	2 34 –
Venus	Perihel	97 37	$2^5 = 32$	3 3 +
	Aphel	94 50	$2^5 = 32$	2 58 –
Erde	Perihel	61 18	$2^5 = 32$	1 55 –
	Aphel	57 3	$2^5 = 32$	1 47 –
Mars	Perihel	38 1	$2^4 = 16$	2 23 –
	Aphel	26 14	$2^3 = 8$	3 17 –
Jupiter	Perihel	5 30	$2^1 = 2$	2 45
	Aphel	4 30	$2^1 = 2$	2 15
Saturn	Perihel	2 15	$2^0 = 1$	2 15
	Aphel	1 46	$2^0 = 1$	1 46

Tab. 6: Reduktion der extremen Bewegungen durch fortgesetzte Halbierung auf einen Oktavraum.

Ausgehend von diesen den extremen Bewegungen der Planeten zugewiesenen Tonstufen erhält jeder Planet innerhalb seiner der Bahnexzentrizität entsprechenden Schwankungsbreite ein charakteristisches Motiv in einer bestimmten Tonart zugewiesen *(Abb. 20)*.

Zwar pendelt ein Planet kontinuierlich von einer Grenzlage in die andere, jedoch sind entsprechende Zwischennoten von Kepler hinzugefügt (HM V.6). So singt die Erde die Tonsilben *MiFaMi*, so daß – wie Kepler lakonisch feststellt – schon diesen Noten zu entnehmen sei, daß auf unserer Erde «*Miseria et Fames*» (Elend und Hunger) herrschen (KGW VI, 322).

Am Ende erklingen bei dem gemeinsamen, wenn auch äußerst seltenen Auftreten der sechs Planetenbewegungen die Gesamtharmonien der Himmelsbewegungen als eine fortwährende mehrstimmige Musik, die freilich, da die Planeten am Himmel weder Stimme noch Töne haben, unhörbar bleibt.[8]

Schließlich zum *dritten Kepler-Gesetz*. Seine auf den 15. Mai 1618 datierte Entdeckung wird von Kepler enthusiastisch gefeiert, aber nicht, weil er die astronomische Bedeutung hervorheben, sondern weil er die harmonikale Tragweite des Gesetzes zum Ausdruck bringen möchte. Denn nun vermag er in der Umkehrung der bisherigen Vorgehensweise in einem Dreischritt den mit *Galenos*

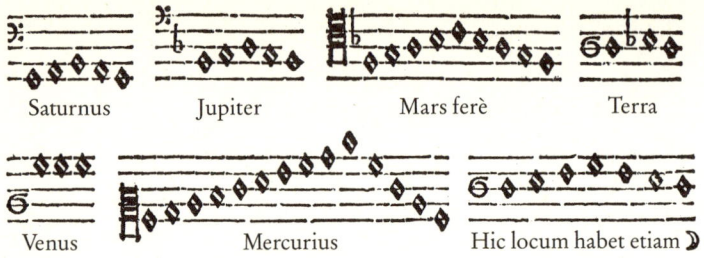

Abb. 20: Charakteristische Tonfolgen eines jeden Planeten, entsprechend der Variation seiner Winkelgeschwindigkeit bzw. der Schwankung seiner Entfernung von der Sonne.

aus Pergamon (2. Jh.) so bezeichneten *harmonischen Kosmos* zu bestimmen:

1. Aus den extremen Tagesbewegungen eines Planeten lassen sich die extremen Abstände in seinem je eigenen Maß und daraus die entsprechenden mittleren Halbmesser, Exzentrizitäten und mittleren Bewegungen ermitteln.
2. Über die mittleren Bewegungen werden sodann mittels des *dritten Keplerschen Gesetzes* die mittleren Abstände der Planeten von der Sonne berechnet, die nun direkt den zuvor gebildeten harmonischen Verhältnissen der extremen Planetenbewegungen entsprechen.
3. In einem letzten Schritt werden über die Bahnexzentrizitäten erneut die extremen Abstände bestimmt und mit den Radien der Kugeln, die er den regulären Körpern einbeschrieben und umbeschrieben hat, verglichen.

Die fünf regulären Körper bestimmen zwar weiterhin die Zahl der Planeten und ihre ungefähren Abstände. Jedoch zeigt dieser «geometrische Kosmos» nur noch die grobe Ausdehnung an, während die Harmonien nun den Abständen die Feinabstimmung gegeben haben und die ursächliche Erklärung für die Parameter der Planetenbahnen selbst liefern. In letzter Konsequenz ist somit der Kosmos für Kepler nach den harmonischen Gesetzmäßigkeiten konstruiert (Bialas 1971).

Über die Herleitung des dritten Planetengesetzes wird in der *Harmonice Mundi* von 1619 nichts gesagt, obwohl einzelne Versuche angegeben sind (HM V.4), in welcher Weise sich bei den Bewegungen der Planeten die harmonischen Proportionen ausdrücken lassen (vgl. Anhang). Das Gesetz ist zudem an ziemlich unauffälliger Stelle postiert, nämlich in Buch V, Kapitel 3 als Punkt 8 in einer Reihe von 13 astronomischen Sätzen (HM V.3, in: KGW VI, 302). Wie schon ausgeführt (vgl. Abschnitt 3.2), stellt es den Zusammenhang zwischen den Umlaufzeiten zweier Planeten 1, 2 und den mittleren Abständen von der Sonne dar und entspricht der Form:

$$\frac{U_1^2}{U_2^2} = \frac{a_1^3}{a_2^3}.$$

Stellt es doch nichts weniger dar als den Keplerschen Schlüssel zum harmonischen Kosmos, von dessen näherer Erkundung als eines komplexen, in sich auf das Feinste strukturierten Wirklichen die *Harmonice Mundi* genaues Zeugnis ablegt (vgl. auch: Haase 1998).

Im Bewußtsein des vollbrachten Werkes stellt Kepler an das Ende den aus tiefster Seele empfundenen Lobpreis des Schöpfers:

«Groß ist unser Herr und groß seine Kraft und seiner Weisheit ist keine Zahl. Lobpreist ihn, ihr Himmel, lobpreist ihn, Sonne, Mond und Planeten, welchen Sinn, euren Schöpfer zu erkennen, welche Zunge ihn zu rühmen ihr auch habt. Lobpreist ihn, ihr himmlischen Harmonien, lobpreist ihn, ihr alle, die ihr Zeugen der nun entdeckten Harmonien seid!» (KGW VI, 368)

IV. Keplers Persönlichkeit und Nachwirkung seines Werkes

1. Friedensphilosophie

Kepler lebte in einer friedlosen Zeit. Angefangen bei dem langjährigen Kampf der Niederlande mit Spanien um die Unabhängigkeit ab 1568, über die Rebellionen Irlands gegen die englische Herrschaft und die Adels- und Hugenottenkriege in Frankreich um 1600 bis zum Dreißigjährigen Krieg ragen nicht weniger als neunzehn, teils langwierige Eroberungs-, Freiheits- und Religionskriege in die Lebenszeit Keplers hinein (von Alten 1912).

Konfessionelle Enge und offene Unduldsamkeit, ja Feindseligkeit und Akte der Gewalt zwischen Vertretern der nur punktuell unterschiedlichen Auffassungen des Christentums – nichts hat Kepler in seinem Leben mehr verbittert. Als ein stets um Ausgleich bemühter Charakter, der prinzipiell das Gemeinsame in den menschlichen Beziehungen über das Trennende stellte, stand er zwischen den verschiedenen Konfessionen und pflegte freundschaftliche Beziehungen zu Kollegen in ganz Europa, ungeachtet ihres persönlichen Glaubensbekenntnisses. Nichts sehnte er so sehr herbei wie die Eintracht zwischen den zerstrittenen Parteien.

«Frieden» bedeutet daher für Kepler zuallererst konfessionellen Frieden in Wort und Tat. In diesem Sinne erhebt er in der Widmung an Jakob I. von England der *Harmonice mundi* seine Stimme für die Beendigung der Streitigkeiten zwischen den Katholiken, Lutheranern und Calvinisten, gegen die «öffentliche dreifache Dissonanz gegeneinander tönender Stimmen» (KGW VI, 10).

In dieselbe Richtung verweist sein Vorschlag, ein Konzil der christlichen Kirchen abzuhalten. In dieser Frage hat er auch einen merklichen Einfluß auf die 1621 veröffentlichte Schrift *Tuba pacis* (Trompete des Friedens) seines Straßburger Freundes *Matthias Bernegger* ausgeübt. In dem 1623 anonym in Straßburg veröffentlichten *Glaubensbekenntnis* schlägt Kepler zur Versöhnung der christlichen Kirchen vor:

«Nach langem Zanck endlicher frid, abstellung aller Confusion und ubermaß, widerbringung guter Ordnung: widerkehrung zu der rechten wahrhafftigen Catholischen Kirch, unnd zu der Apostolischen Einfalt im Gottesdienst, zurückschreittung zu dem ursprünglichen Alphabet des Christentumbs ... Es solle ein offentlich Concilium gehalten, und in demselben die zerfallene Kirchendiciplin wider angerichtet etc. die Kirchen reformiert und gebessert ... werden ... summa ein erwünschte vernünfftige Reformation.»
(KGW XII, 31)

Kepler ging es bei seinem Bemühen um Versöhnung der zerstrittenen Konfessionen nicht um die Verwirklichung eines politischen Programms, wenn er sich auch bei seinen Friedensappellen in Widmungen und Schreiben immer wieder an hochgestellte Persönlichkeiten wandte. Vielmehr war es ihm um ein von gegenseitiger Achtung getragenes sittliches Verhalten zu tun, das sich im täglichen Umgang der Menschen miteinander zu bewähren hat. «Der Gott des Friedens, der die Liebe selber ist», heißt es dazu in seinem *Glaubenbekenntnis* (KGW XII, 38). «Frieden» als Leitidee eines ausgleichenden, toleranten Handelns muß, um wirksam werden zu können, in der menschlichen Gesinnung verankert sein.

Keplers Idee des Friedens ist also in erster Linie von der für seine Zeit weitsichtigen Annahme bestimmt, daß nur die Wiederherstellung der Glaubensgemeinschaft der Christenheit die Kriegsursachen beseitigen kann. Einen Anspruch unbedingter Toleranz zwischen Menschen verschiedener Völker und Religionen, wie ihn der Humanismus nahegelegt hat, also die Forderung nach einem «ewigen Frieden», hat er damit nicht verbunden.

Das, was Kepler von der Tradition aufgegriffen hat und was ihn auch mit Vertretern des Humanismus, wie etwa mit *Erasmus von Rotterdam* positiv verbindet, sind antike, vor allem platonische und stoische Vorstellungen von der Harmonie der Welt (Bialas 1982). Bei Erasmus sind die Himmelskörper, obwohl von ungleicher Bewegung und Kraft, unverbrüchliche Bündnisse miteinander eingegangen. Für Kepler bietet der Kosmos das Bild eines dynamischen Gleichgewichts, das nach den Gesetzen ewiger Harmonie aufrecht erhalten wird. Dagegen kann die von Intoleranz, Streit und Krieg erfüllte menschliche Welt nicht anders als disharmonisch empfunden werden.

In diesem Zusammenhang ist nochmals Keplers Kommentar zur Harmonik von Ptolemaios von Interesse. Im 7. Kapitel von Buch III wird der Wechsel der Tonarten mit plötzlichen Veränderungen der seelischen Befindlichkeit wie auch mit Veränderungen der Regelungen des öffentlichen Lebens je nach den verschiedenen Zeitumständen verglichen. Ptolemaios führt näherhin aus, daß umgekehrt sich mit der Veränderung der öffentlichen Angelegenheiten eines Staates auch die Musik verändere. Ebenso würden friedliche Zeiten die Seelen der Bürger eher zur Ruhe und zum Ausgleich bringen, kriegerische Zeiten dagegen Mut und Gleichgültigkeit, vor allem aber die Sorge um die notwendigen Dinge zur Folge haben.

Dazu bemerkt Kepler prinzipiell: Zwar gebe es eine Gerechtigkeit im Frieden wie auch im Krieg, doch sind diese nur dem Namen nach gleich. Heißt Gerechtigkeit auch gerechte Verteilung der notwendigen Güter zum Leben, so zeigt sich der Unterschied. Im Frieden erhalte jeder das ihm Zustehende, im Kriegsfall stellen sich die Bedürfnisse der kriegführenden Parteien dagegen. Ebenso sei es mit dem Mut, der ja auch im Friedenszustand des Staates als Voraussetzung jeder Tatkraft vorhanden sei. Nur verblasse eben die Erinnerung an diese Tugenden im Frieden eher als in einem Krieg, weil hier der Ruhm von Mut und Kampfkraft länger bewahrt bleibe (KOO V, 360).

Ausschlaggebend für Keplers Friedensliebe war in erster Linie seine persönliche Betroffenheit durch die Querelen der Fanatiker der verschiedenen Konfessionen wie durch die unmittelbaren Kriegsereignisse selbst. Immer wieder war seine Existenz von konfessionellem Eifer, gewaltsamer Vertreibung und von den Schrecken des Krieges bedroht.

Kepler ist vor der vorherrschenden Kriegsgewalt nicht ängstlich verstummt. Zwar besinnt er sich immer wieder auf den inneren, moralischen Wert seiner wissenschaftlichen Studien, doch erhebt er mit zunehmender Dauer und Schärfe des Krieges um so deutlicher seine Stimme. Er wendet sich an die Höchsten im Reich, er wendet sich an den Kaiser. So schreibt er in der Widmung zu seinem Tafelwerk 1627 an Ferdinand II:

«Habt Nachsicht, Kaiser, mit meinem Geschick, habt Nachsicht mit der Beschaffenheit dieser Studien, die, eine Zierde des Friedens, immer noch auf den Frieden in Eurem Reich warten. Obwohl sie aus den Gebieten Eurer Kais. Majestät vertrieben sind, treten sie auch jetzt einzig in dem Vertrauen an die Öffentlichkeit, daß sie ein günstiges Vorzeichen für einen nahen Friedensschluß bedeuten.» (KGW X, 13)

Bei aller öffentlicher Parteinahme gegen den Krieg geht es Kepler letztlich nicht um eine politische, sondern um eine moralische Frage, um die innere Einstellung des Menschen. In Anlehnung an Gedanken Platons, daß Wissenschaft und Philosophie nicht nur Quelle der Erkenntnis, sondern auch Mittel der sittlichen Läuterung seien, gelangt Kepler zu der Überzeugung, daß der Mensch generell zu einem friedfertigen Verhalten geleitet werden kann. Mit der Naturforschung, ja schon mit dem Studium ihrer Resultate, schöpft derjenige, der sich der Philosophie zugewandt hat, aus einer Quelle der moralischen Kraft. In diesem Sinne schreibt Kepler 1621 an die Stände von Oberösterreich in seiner Widmung zum dritten Teil seiner *Epitome Astronomiae Copernicanae*:

«Je mehr einer die Mathematik liebt, je inniger seine Hingabe an Gott ist und je mehr er sich der Dankbarkeit, die die Krone der Tugenden ist, befleißigt, desto eifriger wird er mit mir seine Gebete zum barmherzigen Gott vereinigen: Er möge die Kriegswirren niederschlagen, die Verwüstungen beseitigen, den Haß auslöschen, den goldenen Frieden wieder heraufführen.»
(KGW VII, 361)

Für Kepler ist «Frieden» nicht einfach die Negation von «Krieg», ist nicht einfach der amorphe Zustand von Nicht-Krieg. Frieden ermöglicht erst und fördert die Wissenschaften, wie umgekehrt die Liebe zu Wissenschaft und Philosophie die innere moralische Läuterung als Voraussetzung für ein friedfertiges Verhalten begünstigt.

An einer anderen, eher unscheinbaren Stelle seines umfangreichen Opus spricht Kepler der Wissenschaft und Philosophie eine überragende Bedeutung im Leben der Menschheit zu mit dem schlichten Satz (KGW XX.1, 85.19f.):

Philosophia commune generis humani bonum est.
«Die Philosophie ist Allgemeingut der ganzen Menschheit.»

Philosophische, wissenschaftliche Erkenntnis vermag die Menschen zu verbinden und ihr Wohlergehen zu befördern, weil sie allen Menschen gehört – das ist die Botschaft des Irenikers Kepler an die Nachwelt.

2. Vom Genius Keplers

Sucht man in Keplers Lebensgeschichte nach dem, was die Einzigartigkeit des Genius auszeichnen könnte, so sind vielleicht drei Momente besonders hervorzuheben: Als erstes die Weltbeziehung in der zielstrebigen Suche nach dem kosmischen Ursprung; dann die Gottesbeziehung in dem umfassenden Verständnis von Wissenschaft als einem priesterlichen Dienst an der Natur; schließlich die Beziehung zur irdischen Welt in der offenen Absage an eitle und nichtige Äußerlichkeiten. Erkenntnisfreude, Demut und Charakterstärke sind die großen Tugenden von Keplers Persönlichkeit gewesen.

Erinnern wir uns nochmals dieser drei Momente:

Die Frage: Was ist die Welt? Aus welchem Grund, nach welchem Plan ist sie von Gott geschaffen?

Der Grund der Welt liegt in dem göttlichen Plan. Das ist die Antwort der Genesis, die Antwort aller religiösen Bücher. Von Kepler wird sie nicht in Frage gestellt, doch aus anderer Blickrichtung betrachtet: aus der Fragestellung wissenschaftlicher Erkenntnis. Es ist mathematischer Geist in der göttlichen Vernunft, der die Welt im Innersten zusammenhält. Die Weltformel Keplers ist geometrischer Art. Nichts anderes ist anzunehmen, als daß die geometrischen Größen auch der menschlichen Seele einbeschrieben sind. Darin zeigt sich die göttliche Ebenbildlichkeit des Menschen. Nur so ist Welterkenntnis möglich.

Das Credo: Der Astronom ist Priester des Schöpfergottes. Er liest in dem Buch der Natur.

Die Frage nach der Vereinbarkeit von Glauben und Wissen. Der Priester dient Gott und dem Menschen. Zwischen beiden vermittelt er, indem er das geoffenbarte Wort auslegt. Offenbarung der Heiligen Schrift. Kepler schlägt das zweite Buch göttlichen Ursprungs auf: das Buch der Natur. Die Buchstaben verwandeln sich bei ihm in Sterne und die Worte in kosmische Strukturen. Ihr Sinn erhellt sich über die Geometrie. Offenbarung des Schöpfergottes. Ihm dient der Astronom, indem er die Himmelsgesetze erforscht. So kündet auch er von der Herrlichkeit Gottes.

Beide, der Priester wie der Astronom, streben nach der Wahrheit, jeder auf seine Weise. Beide vermitteln sie den Menschen in einer je eigenen Sprache: Textauslegung und Gebet, Diskurs und Erkenntnis. Glauben und Wissenschaft – ein unüberbrückbarer Gegensatz? Beide bemühen sich um dieselbe Wahrheit, die ganz verschieden erscheint und doch unteilbar ist. Gefordert ist die Autonomie des Glaubens ohne wissenschaftliche Anfechtung, aber ebenso die Autonomie der Wissenschaft ohne kirchliche Bevormundung. Im Geist des gläubigen Wissenschaftlers sind beide wieder zusammengeführt. Die Himmel künden die Herrlichkeit Gottes. So ist das Opus Keplers zu lesen.

Der Wahlspruch: Ach die Sorgen der Menschen. Nichtiges liegt in den Dingen der Welt.

Leiden an der Welt, an dem Gebaren der Menschen. Ein täglicher Verdruß. Sie kümmern sich um alles peinlich genau, was sie selbst betrifft, häufen Reichtümer an und lassen sich mit Orden behängen. Alltägliche Nichtigkeiten. Dabei sehen sie nicht die Wunder des Lebens und verleugnen die göttlichen Werke. Licht vom Licht, und die Welt hat es nicht bemerkt. Kepler kennt die wirklichen Sorgen: die Not der Zeit, den Krieg, Krankheit und Elend. Doch weiß er auch um die Süße der Philosophie, um den Trost des Glaubens. Die Welt ist nicht so, wie sie erscheint. Die Wirklichkeit liegt hinter den Dingen.

Was macht den Genius Keplers aus? Goethes Würdigung im Historischen Teil seiner Farbenlehre macht das deutlich:

«Wenn man Keplers Lebensgeschichte mit demjenigen, was er geworden und geleistet, zusammenhält, so gerät man in ein frohes Erstaunen, indem man sich überzeugt, daß der wahre Genius alle Hindernisse überwindet. Der Anfang und das Ende seines Lebens werden durch Familienverhältnisse verkümmert, seine mittlere Zeit fällt in die unruhigste Epoche und doch dringt sein glückliches Naturell durch. Die ernstesten Gegenstände behandelt er mit Heiterkeit und ein verwickeltes, mühsames Geschäft mit Bequemlichkeit.» (Goethe 1810)

Goethes Betrachtung betont die äußeren Erschwernisse in Keplers Werdegang vom herzoglichen Stipendiaten im Württembergischen zum Kaiserlichen Mathematiker in der Reichsmetropole Prag. Der wahre Genius findet seinen Weg, auch wenn die Lebensumstände schwierig, die Zeiten unstet sind. Zwischen den religiösen Eiferern der reformatorischen Bewegung und den sich strenggläubig gebenden Theologen muß Kepler als Student der lutherischen Theologie und als gläubiger Christ seinen eigenen Weg suchen, der ihn nicht auf die Kanzel eines Predigers, sondern in die Studierstuben der Wissenschaft führt.

Das wissenschaftliche Leben um 1600 in Deutschland hat am ehesten in der Nähe des höfischen Lebens geblüht, und hier im Dienst der feudalen Obrigkeit von Kaiser, Fürsten und Landständen hat Kepler seine Anstellung gefunden. Eine berufliche Karriere, wie sie heute in der Wissenschaft zumeist üblich ist, hat Kepler nicht durchlaufen. Aus dieser Erfahrung heraus und im Bewußtsein seines eigenen Wertes spricht er mit geheimem Stolz von der Erhabenheit über alle Ehren und Würden. So ist der Aufbruch des Genies Kepler auch ein Befreiungsprozeß aus den Hemmnissen seiner sozialen Herkunft und aus den Zwängen von Anpassung und Opportunismus des universitären, überhaupt des gesellschaftlichen Lebens der Zeit.

Obwohl ihm das höfische Treiben zuwider war, hat Kepler nicht als Einzelgänger gelebt. Seine zahlreichen Reisen in Mitteleuropa hingen zur Hauptsache entweder mit familiären Angelegenheiten oder mit der Drucklegung seiner Werke zusammen, resultierten jedenfalls nicht aus Bedürfnissen eines gelehrten Wanderlebens, wie es etwa Giordano Bruno notgedrungen hatte auf sich nehmen müssen. Nur ungern, wenn ihm die äußere Not keine andere Wahl mehr ließ, wechselte er seine Wirkungsstätte. Als ihn endlich Einladungen auch aus dem Ausland erreichten, aus England und aus Italien, wollte er nicht reisen.

Der wahre Genius ist auch der wissende Genius. Mit diesem Wort von Friedrich Nietzsche aus seinem aphoristischen Werk «Menschliches, Allzumenschliches» ist Johannes Kepler trefflich charakterisiert. Ein derartiger Mensch macht Nietzsche zufolge von seinen Entbehrungen wenig Aufhebens; er kann sich seiner Zeit entziehen und darf auf die Nachwelt rechnen. Die Entstehung eines Genies macht Nietzsche an einem einfachen Bild deutlich:

«Jemand, der sich auf seinem Weg im Wald völlig verirrt hat, aber mit ungemeiner Energie nach irgend einer Richtung hier ins Freie strebt, entdeckt mitunter einen neuen Weg, welchen niemand kennt: so entstehen die Genies, denen man Originalität nachrühmt.» (Werke IV.2, 198)

Kepler geht diesen Weg nicht schlafwandlerisch, nicht wie ein Nachtwandler, wie Arthur Koestler gemeint hat (Koestler 1959), sondern in bewußter Wachheit. Er kennt die Stärken und Schwächen des tradierten Wissens, ohne sich in scholastischen Disputationen zu verfangen. Er begrüßt die neuen Beobachtungs- und Auswertverfahren in der Astronomie und geht selbst eigene Wege zu ihrer tieferen Begründung.

Am Ende, als Kepler den harmonikalen Aufbau der Welt erkannt hat, ist er sich der Originalität seiner Ideen vollauf bewußt. Dem abschließenden Teil seiner großen *Harmonice Mundi* stellt er darum die selbstbewußten Worte voran:

«Wohlan ich werfe den Würfel und schreibe ein Buch für die Gegenwart oder Nachwelt. Mir ist es gleich. Es mag hundert Jahre seines Lesers harren, hat doch auch Gott sechstausend Jahre [die von Kepler angenommene Zeitspanne seit Erschaffung der Welt] auf den Beschauer gewartet.»
(WH, 280; KGW 6, 290)

Wie hat Kepler ausgesehen?
Nach eigener Beschreibung der Mutter ähnlich, also kleinwüchsig, von zartem Körperbau und schwarzhaarig; soweit wir uns ein Bild machen können, mit einem ernsten Gesichtsausdruck.

Um 1620 wurde Kepler gemalt. Es entstand ein Porträt, das den Naturforscher im reifen Alter zeigt, ihm aber wenig geglichen hat. Er sandte es seinem Freund Bernegger in Straßburg, der es einige Jahre später an die Bibliothek der Stadt weiterleitete. Heute befindet sich das Bild im Thomasstift zu Straßburg

Schickard hat das Bildnis mit dem Dargestellten verglichen, aber wenig Übereinstimmung gefunden. Das hat der Jurist *Thomas Lansius* (1577–1657) in dem Epigramm zu diesem Stich auch zum Ausdruck gebracht:

«Keplers Namen, ihn trägt das Bild, das gänzlich verfehlt ist.
Aber sagt mir, warum so sich der Künstler geirrt?

Schuld ist der Erde Lauf, sie bewegt sich nach Keplerscher Regel,
führt mit des Umschwungs Gewalt fort auch die bildende Hand!
Liefe die Erde nicht um und bliebe immer in Ruhe.
Nicht so übel verzerrt wäre das Keplersche Bild!»

(KB II, 187; KGW VIII, 479)

Wir können uns Kepler vielleicht am ehesten so vorstellen, wie er sich auf dem Frontispiz seines großen Tafelwerkes abbilden ließ. (*Abb. 21*).

Am Arbeitstisch sitzend, an astronomischen Tabellen rechnend und über den Weltenbau nachsinnend, ausgemergelt von den Mühsalen eines beschwerlichen Lebens, aber noch immer wach mit einem weiten Blick für die Geheimnisse und Wunder der Natur.

3. Wirkung des Keplerschen Werkes

Keplers Werk hat mit den astronomischen, optischen und mathematischen Erkenntnissen das naturwissenschaftliche Wissen der Neuzeit mitbegründet. Einige Resultate seiner vielfältigen Forschungen, wie die Keplerschen Gesetze der Planetenbewegung, die im ersten Gesetz enthaltene Kepler-Gleichung und die Theorie des astronomischen Fernrohrs, haben in das Schulbuchwissen Eingang gefunden. Mit dem Nachweis, daß erst die Physikalisierung der astronomischen Theorien die Astronomie auf eine neue Erkenntnisebene heben kann, hat Kepler die Himmelsmechanik vorbereitet und mit dieser die mechanistische Naturphilosophie beeinflußt, jedoch nicht entscheidend bestimmt.

Seine Astronomie ist vor allem von *Jeremiah Horrox* (1619–1641) und *Ismaël Boulliau* (1605–1694) in England rezipiert und weiter verbreitet worden. Horrox, der um 1640 vielleicht beste Kenner und größte Bewunderer der Astronomie Keplers, akzeptierte die physikalisch begründete Planetentheorie und hob besonders die Genauigkeit des Keplerschen Tafelwerks hervor. Dagegen rezipierte Boulliau in seiner *Astronomia Philolaica* (Paris 1645) Keplers Planetentheorie in einer modifizierten Form, indem er physikalische Ursachen für die Planetenbewegung nicht anerkannte und

*Abb. 21: Kepler um 1625. Ausschnitt aus dem Frontispiz
der Rudolphinischen Tafeln.*

für den Planeten eine elliptische Bahn auf einem schiefen Kegel annahm, dessen Achse durch den leeren Brennpunkt der Ellipse geht (Applebaum 1996, 460). Dennoch war das Wissen über die Keplerschen hypothetischen Ansätze zur Dynamik der Planetenbewegung in der Fachwelt durchaus bekannt, so bei Gassendi, Mersenne, Otto von Guericke und Hevelius. Besonders deutlich tritt der Einfluß von Keplers *Epitome* auf physikalische Arbeiten des englischen Philosophen *Thomas Hobbes* (1588–1679) hervor, so auf die Schriften *De Motu* (1642/43) und *De Corpore* (1655) (Horstmann 1998). Im Jahr 1650 veröffentlichte *Maria Cunitia*

(1610–1664) die *Urania propitia*, eine lateinisch-deutsche Ausgabe des Keplerschen Tafelwerks.

Newton lernte Keplers Ideen durch astronomische Bücher seiner Zeit kennen, so durch *Vincent Wing* (1651) und *Thomas Street* (1661). Über die Zuordnung der drei Planetengesetze zu Kepler äußert er sich nicht eindeutig und hält deren korrekte Herleitung, sofern er sie überhaupt gekannt hat, für fragwürdig (Applebaum 1996), nicht zuletzt wohl deshalb, weil er einen anderen Hypothesenbegriff als Kepler vertrat.

Wenn wir Keplers Werk, das sich thematisch um die Frage nach der *Forma mundi* (Weltform), dem großen Ordnungs- und Gestaltungsprinzip der Welt, bewegt, als eine Einheit begreifen, so ist dieser zentrale und integrierende Forschungsschwerpunkt bisher nur wenig gewürdigt worden. Seine Grundidee eines nach ästhetischen Prinzipien strukturierten Kosmos, in dem das von Natur aus Gegebene als Entäußerung des absoluten, göttlichen Geistes urbildlich realisiert ist, wurde entweder als Mystizismus abgetan oder überhaupt negiert. Insgesamt ließ die vorherrschende rationalistische und mechanistische Denkrichtung innerhalb der Naturphilosophie des 17. Jahrhunderts wenig Raum für die Rezeption der spekulativen Ansätze Keplers.

In Deutschland hatte zudem der Dreißigjährige Krieg negative Auswirkungen für die Kontinuität des geistigen Lebens. Als einer der wenigen knüpfte Leibniz umfassend an Kepler an, so in erkenntnistheoretischen und naturphilosophischen Fragen und im Begriff der Weltharmonie. Leibniz feiert Kepler als einen «vir incomparabilis», als einen unvergleichbaren Mann, den die göttliche Vorsehung an die Planetenbeobachtungen von Tycho Brahe herangeführt habe. Offenbar hatte Leibniz durch seine Tätigkeit als Direktor der Wolfenbütteler Bibliothek einen guten Zugang zu den Originalwerken Keplers (Bialas, 1995).

Um das Jahr 1710 erhielt Leibniz durch den Magister *Michael Gottlieb Hansch* (1683–1749) nähere Kenntnis vom Keplerschen Nachlaß und ist diesem für die Sichtung und Ordnung der handgeschriebenen Manuskripte Keplers ein wichtiger Ratgeber gewesen. Hansch hat den Nachlaß in einem Umfang von etwa 14000 Manuskript-Seiten erstmals geordnet und ihn auf 22 Bände, davon 20 in Folio und zwei in Quart verteilt. Er ließ sie in Pergament binden und auf die Bandrücken der Folio-Bände die Nummern I bis XX sowie den Titel einprägen. 18 Bände wurden im Jahr 1773 von der russischen Zarin Katharina II. für die Akademie der Wissenschaften zu St. Petersburg erworben, während die anderen vier Bände schon früher von der Wiener Hofbibliothek angekauft wurden.

In der Naturphilosophie des deutschen Idealismus wurde der Reichtum von Keplers Gedankenwelt wiederentdeckt. Für Schelling sind die Keplerschen Gesetze nicht nur astronomisch zu begreifen; sie haben Gültigkeit für die dynamische Organisation überhaupt. Damit kehrt Schelling zum Zentralgedanken der Keplerschen *Weltharmonik* zurück, da auch er alle Gesetzmäßigkeiten letzten Endes als einen «Spiegel der ewigen Einheit» begreift (Schelling 1859, 455; Oeser 1973, 151).

Schelling wie auch Hegel wenden sich gegen die vorherrschende Ansicht, daß erst Newton die Beweise der Keplerschen Gesetze gefunden habe. Beide kritisieren hier Newtons Begriff der Schwerkraft. Hegel würdigt zudem Keplers Idee der Weltharmonie, also die Anordnung des Sonnensystems nach den Gesetzen der musikalischen Harmonien zu fassen, als Ausdruck des Glaubens, daß nicht bloßer Zufall, sondern Vernunft im Sonnensystem regiere (*Enzyklopädie*, § 280).

Erst im Zuge des aufkommenden deutschen Nationalgefühls in der zweiten Hälfte des 19. Jahrhunderts ist Kepler in umfassender Weise gewürdigt worden, und zwar durch die von Christian Frisch in den Jahren 1858–1871 in acht Bänden vorgelegten *Kepleri Opera omnia*, die erste Gesamtausgabe der Keplerschen Werke überhaupt. Im 20. Jh. wurden seine wichtigsten Werke aus dem Lateinischen in verschiedene Sprachen übersetzt.

Als internationales Standardwerk gelten die *Gesammelten Werke von Johannes Kepler*, herausgegeben und kommentiert von den wissenschaftlichen Mitarbeitern der 1934/35 von *Walther Franz Anton v. Dyck* (1856–1934) und *Max Caspar* (1889–1956) gegründeten Kepler-Kommission der Bayerischen Akademie der Wissenschaften in München. Diese auf 22 Bände – in der Numerierung von I bis XXII mit verschiedenen Halbbänden – angelegte kritische Ausgabe berücksichtigt erstmals auch den wissenschaftlichen Nachlaß in umfassender Weise. Mit dem in den nächsten Jahren zu erwartenden Abschluß der *Gesammelten Werke* wird sich hoffentlich der schon

1914 durch v. Dyck geäußerte Wunsch (v. Dyck 1914) erfüllt haben, Lebenswerk und Persönlichkeit Keplers «in einer die Gesamtheit aller uns zugänglichen Dokumente zusammenfassenden, dem Gebrauch durch sorgfältige Anordnung und Gliederung des gewaltigen Stoffes erschlossenen und auch im äußeren Gewande würdigen und charakteristischen Form neu erstehen zu lassen.»

V. Anhang

Die drei Keplerschen Gesetze

Im Werk *Astronomia Nova* sind am ehesten die folgenden Textstellen für die Gesetzesformulierungen repräsentativ, wobei in der Keplerschen Ausarbeitung das zweite dem ersten Gesetz vorangeht:

Kepler II:

«Wie sich die Fläche CDE zur halben Umlaufszeit, die wir mit 180° bezeichnen, verhält, so verhalten sich die Flächen CAG oder CAH zu den Zeiten, die der Planet auf CG oder CH verweilt. So wird also die Fläche CGA ein Maß für die Zeit oder die mittlere Anomalie, die dem Exzenterbogen CG entspricht, weil die mittlere Anomalie ein Maß für die Zeit ist.» (Vgl. Abb. 22)
(KGW III, 264f.)

Kepler I:

«Für den Planeten bleibt keine andere Bahnfigur übrig als eine vollkommene Ellipse, weil die aus physikalischen Prinzipien abgeleiteten Gründe mit der Probe auf die Beobachtungen und mit der stellvertretenden Hypothese im Einklang stehen.»
(KGW III, 366)

Die genannte *stellvertretende Hypothese* bezeichnet ein bestimmtes, im Verlauf der Untersuchungen der Planetenbewegung verworfenes

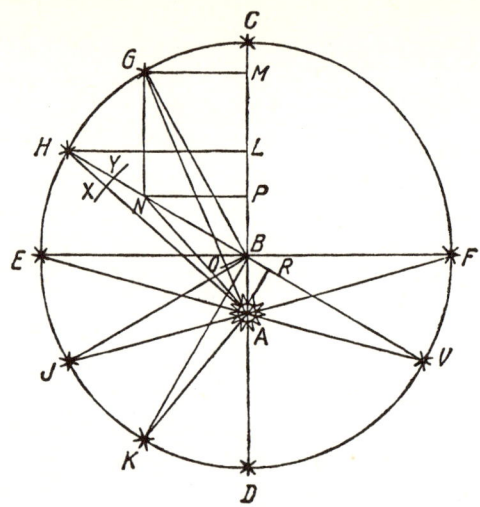

Abb. 22: Darstellung des Flächensatzes (des später so genannten zweiten Keplerschen Gesetzes) in der «Astronomia Nova» (KGW III, 264).

Bahnmodell zur Darstellung in ekliptikaler Länge. Als Formeln werden die Kepler-Gesetze durch die Gleichungen ausgedrückt (vgl. *Abb. 23*):

Kepler II
(1) $M = E + e \sin E$

Kepler I
(2) $r = 1 + e \cos E$
(3) $r \cos v = e + \cos E$

Es bezeichnen in Abb. 23:
v Winkel ASP, die wahre Anomalie;
E Winkel AOK, die exzentrische Anomalie;
M die mittlere Anomalie, bestimmt über das Flächenverhältnis ASP zur ganzen Ellipse;
e Abstand SO, die Bahnexzentrizität;
r radiale Entfernung SP.
Es sind folgende Punkte von Bedeutung:
S Mittelpunkt der Sonne im Brennpunkt der Bahnellipse;

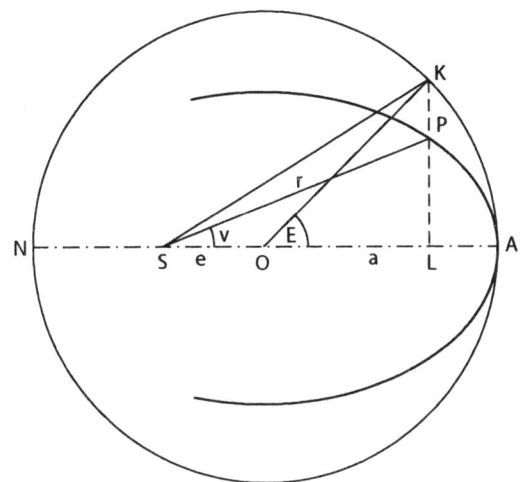

*Abb. 23: Zur Veranschaulichung der Parameter der elliptischen
Planetenbewegung.*

O der Mittelpunkt des Umkreises im Radius OA;
A der sonnenfernste Punkt der Planetenbahn, das Aphel;
P der Planet in seiner Bahn;
L dessen Lotfußpunkt auf der Apsidenlinie SOA;
K der entsprechende Punkt als Schnitt der Verlängerung von LP mit
dem exzentrischen Kreis.
Alle Anomalien werden bei Kepler vom Aphel aus gemessen.

Wie ist Kepler zur elliptischen Planetenbahn gelangt?
   Dieser der Analyse der Marsbewegung folgende Erkenntnisprozeß ist in sich verwickelt und vollzieht sich über zahlreiche mathematische, astronomische und physikalische Schritte. Hier kann nur knapp die astronomische Vorgehensweise skizziert werden.

Die entscheidenden Punkte sind die folgenden:
a) Kepler geht zwar vom copernicanischen Bahnmodell aus, verlegt jedoch den Bezugspunkt des Systems vom Mittelpunkt der Erdbahn in die wahre Sonne.
b) Dieses Bahnmodell der Planetenbewegung in Länge wird in der Weise erweitert, daß auf der geradlinigen Verbindung Kreismittel-

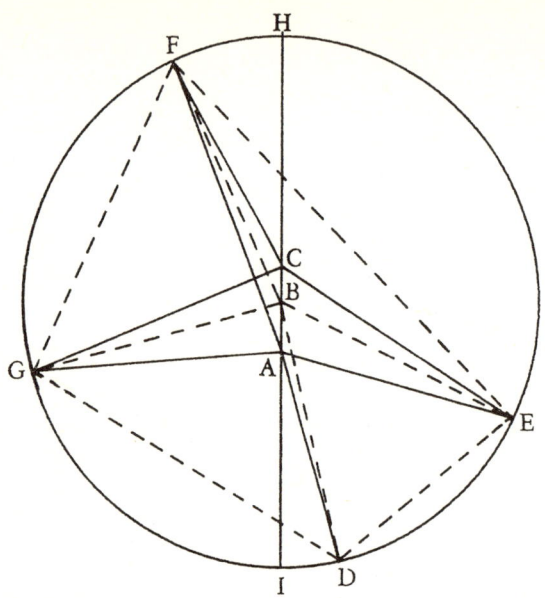

Abb. 24: Zur Ableitung der «stellvertretenden Hypothese». Aus den vier Planetenörtern F,G,D,E in Opposition zur Sonne werden die Lage des Ausgleichspunktes C und des Sonnenmittelpunktes A im Verhältnis zum Kreismittelpunkt B sowie die Stellung der Apsidenlinie ABCH bestimmt.

punkt – Sonnenmittelpunkt, also auf der Apsidenlinie, als weiterer Punkt der «Ausgleichspunkt», von dem aus die Planetenbewegung gleichförmig erscheint, angenommen wird. Dieses erweiterte Modell, bestimmt mittels der genauen Oppositionsbeobachtungen von Tycho Brahe, führt zur Aufstellung der «stellvertretenden Hypothese» (*hypothesis vicaria*), die eine zufriedenstellende Berechnung ekliptikaler Längen gestattet (vgl. *Abb. 24*).

c) Für die Untersuchung der unterschiedlichen Abstände des Planeten von der Sonne, also seiner radialen Bewegung, werden die von Sonne, Erd- und Planetenort gebildeten Dreiecke berechnet. Wie von einer Warte aus wird entweder der Erdort oder der Planetenort nach Durcheilen ganzer Umläufe in der Bahn festgehalten gedacht, während der andere Himmelskörper zu denselben Zeitpunkten unterschiedliche Positionen einnimmt.

d) Dieses Vorgehen bestätigt zum einen die aus der Analyse der Breitenbeobachtungen gewonnene Erkenntnis, daß die stellvertretende Hypothese die Bahnverhältnisse nicht der Wirklichkeit entsprechend wiedergibt, wie es der Begriff einer Hypothese erfordert.

e) Zum anderen lassen sich über derartige Triangulationen die relativen radialen Entfernungen des Mars und der Erde von der Sonne bestimmen und so die Bahnverhältnisse des Planeten gewissermaßen ausloten.

f) Der Nachweis, daß die Geschwindigkeit des Planeten in den extremen Bahnpunkten umgekehrt proportional dem Abstand Sonne-Erde ist, wird induktiv auf alle Bahnpunkte erweitert. Dieser *Radiensatz* ist Grundlage des Flächensatzes.

g) Nach Erforschung des Bewegungsmechanismus anhand der Erdbahn wird schließlich für die Marsbewegung über ovalförmige Bahnen als Annäherung an die wahre Bahnform die Bahnellipse auf geometrischem Wege erschlossen.

Kepler III:

Das dritte Keplersche Gesetz beschreibt den Zusammenhang der Umlaufzeiten zweier Planeten mit ihren mittleren Abständen von der Sonne. Es wird in der *Harmonice Mundi* angegeben (HM V.3, in: KGW VI, 302) und entspricht der Form:

(4) $\dfrac{U_1^2}{U_2^2} = \dfrac{a_1^3}{a_2^3}$.

In diesem Werk erfüllt es jedoch nicht unmittelbar einen astronomischen Zweck, vielmehr ermöglicht es, die Abstände der Planeten von der Sonne über die harmonischen Verhältnisse der extremen Bewegungen der Planeten neu zu berechnen. Der nähere Zweck ist dort die Feinabstimmung des als harmonisch strukturiert vorgestellten Kosmos.

Heute gibt auch der wissenschaftliche Kepler-Nachlaß keine Auskunft mehr über die Vorarbeiten zu diesem von Newton und seinen Schülern als *aurea regula Kepleri* bezeichneten Gesetz. Noch im Jahr 1778 schreibt der Mathematiker *W.L. Krafft* aus St. Petersburg an den Nürnberger Gelehrten *Ch. G. Murr*, er habe mit besonderem

Vergnügen jene Blätter des Nachlasses studiert, in denen Kepler das Verhältnis der Umlaufszeiten der Planeten zu ihren mittleren Entfernungen von der Sonne gesucht habe (Murr 1789). Diese Blätter sind aus dem Nachlaß entfernt worden. Zwar hat Kepler ein Jahr später in der *Epitome* das Gesetz kausal zu begreifen und es so als ein Naturgesetz zu begründen versucht (KGW VII, 306 ff.), dennoch ist es dem Ursprung nach primär als harmonikal aufzufassen, also von der Konzeption der Weltharmonie bedingt.

Daten aus Keplers Leben

Württemberger Zeit:
1571	27. Dezember: Johannes Kepler in Weil der Stadt geboren
1579	Besuch der Lateinschule in Leonberg
1584	Klosterschule in Adelberg
1586	November: Eintritt in die Klosterschule Maulbronn
1587	5. Oktober: Einschreibung in die Universität Tübingen; Studium in der Artistenfakultät. Lehrer Michael Mästlin
1589	September: Eintritt in das theologische Stift der Universität Tübingen; Studium der evangelischen Theologie; Lehrer Matthias Hafenreffer
1591	11. August: Magister Artium

Grazer Zeit:
1594	März: Übersiedlung nach Graz; dort Professor (Lehrer) für Mathematik an der protestantischen Stiftsschule
1596	*Mysterium cosmographicum*
1597	27. April: Kepler heiratet Barbara Müller von Mühleck
1600	Februar bis April: in Prag bei Tycho Brahe
	August: Ausweisung aus Graz
	Oktober: Übersiedlung nach Prag

Prager Zeit:
1600	ab Herbst Mitarbeit bei Tycho Brahe
1601	*Apologia Tychonis contra Ursum (Tractatus de hypothesibus)*
1601	24. Oktober: Brahe stirbt; Kepler wird Kaiserlicher Mathematiker
1604	*Astronomiae pars optica*
1606	*De Stella nova*
1609	*Astronomia Nova;* *Tertius interveniens, das ist, Warnung an etliche Theologicos, Medicos und Philosophicos*
1610	*Dissertatio cum nuncio sidereo*
1611	*Dioptrice;* *Strena seu de nive sexangula*
1611	3. August: Barbara Kepler stirbt

Linzer Zeit:

1612	Mai: Übersiedlung nach Linz; Professor (Lehrer) an der Landschaftsschule
1612–1628	Mathematiker der Oberösterreichischen Stände in Linz
1613	30. Oktober: Kepler heiratet Susanne Reuttinger
1615	*Nova Stereometria doliorum vinariorum*
1617	Oktober bis Dezember: wegen Verleumdung der Mutter als Hexe Reise nach Württemberg
1617/1619	*Ephemerides Novae I. 1617–1620*
1618–1621	*Epitome Astronomiae Copernicanae*
1619	*Harmonices Mundi libri V*
1620–1621	September 1620 bis November 1621: Verteidigung der als Hexe angeklagten Mutter
1624	*Chilias Logarithmorum*
1624–1625	Oktober 1624 bis Januar 1625: Reise nach Wien wegen des Drucks der *Tabulae Rudolphinae*

Wechselnde Aufenthaltsorte:

1626–1627	Dezember 1626 bis September 1627: Aufenthalt in Ulm, Druck der
1627	*Tabulae Rudolphinae*
1627/1628	Reisen nach Frankfurt/M., Ulm, Regensburg, Prag, Linz
1628	Juli: Übersiedlung nach Sagan; im Dienste Wallensteins
1630	*Ephemerides Novae II. 1621–1636*
1630	8. Oktober: Beginn der Reise nach Linz über Regensburg
1630	15. November: Kepler stirbt in Regensburg
1632	Grabstätte Keplers und Friedhof in Regensburg werden zerstört
1634	*Somnium seu Opus posthumum de Astronomia Lunari*
1636	August: Keplers zweite Frau Susanne stirbt in Regensburg

Anmerkungen

I. Einführung
1 Vgl. dazu Hans Blumenberg 1976, weiter den Artikel *Epoche*, in: Joachim Ritter (Hg.), Historisches Wörterbuch der Philosophie, Darmstadt 1972. Epoche, griechisch *epoché*, bezeichnet ursprünglich das Innehalten einer Bewegung, wie heute noch in dem astronomischen Gebrauch der zu einem bestimmten Zeitpunkt festgelegten Koordinaten in der planetarischen Bewegung. In dem Wendepunkt berühren und überlagern sich dann die Faktoren, Ereignisse und Vorgänge zweier unterschiedlicher, ja entgegengesetzter *Formationen* in den gesellschaftlichen, weltanschaulichen und wissenschaftlichen Entwicklungen.
2 Kepler setzt in seinen *Selbstzeugnissen* den Zeitpunkt seiner Empfängnis auf den 16. Mai 1571, 16.37 Uhr (KOO VIII, 672). Weiter gibt er an, er sei nach 224 Tagen und 10 Stunden zu früh geboren. Er möchte mit diesen präzisen Angaben den Verdacht einer vorzeitigen Empfängnis, die als großer Makel der Familie angesehen worden wäre, beseitigen. Dementsprechend heißt es in dem Horoskop seiner *Conceptio* (Empfängnis) (Mss XXI, 414):
«Da die Frühgeburt und die Schwäche des geborenen Kindes den Verdacht auf vorzeitige Empfängnis für die Mutter aufkommen läßt, stelle ich den Tag nach der Hochzeit, die am 15. Mai (1571) gewesen ist, als wahren Tag der Empfängnis nach.»
Ausführliche Wiedergabe in: KGW XXI.2 (in Vorbereitung).
3 Nach der handschriftlichen Vorlage wiedergegeben in: KGW IV, 511–513.
4 Memoralia universitatis Pragensis (acta universitatis Pragensis et praecipuae facultatis philosophicae) 1599–1622 (Sign. AUK A 19/VI), p.203. Mitteilung von Jindrich Schwippel in Prag.
5 Ende August 1636 wurde auf dem wieder angelegten Friedhof Keplers Frau Susanna bestattet.
6 Darüber täuschen auch die später errichteten Denkmäler wie auch die Kepler-Museen in Weil der Stadt und Regensburg nicht hinweg. Als Ort des Kepler-Gedenkens käme – entsprechend der Würdigung Brahes in der Theynkirche zu Prag und der Newtons in der Westminster Abbey zu London – meiner Auffassung nach allein der Dom zu Regensburg in Frage. Dies wäre der Ort einer angemessenen Würdigung für Kepler, der sich mit der inneren Anteilnahme eines an der konfessionellen Zerrissenheit Leidenden für die Einheit der Kirchen eingesetzt hatte.

II.1. Erkenntnistheorie

1 Zur nachträglichen Rechtfertigung wird gern das Wort «Machet Euch die Erde untertan» (Gen 1,28) zitiert, so als ob der Mensch mit der neuzeitlichen Ausbeutung der Erde und der Zerstörung seiner eigenen Lebensgrundlagen einen göttlichen Auftrag erfüllen würde. Der Mensch soll die Erde wohl in Besitz nehmen, aber in der Natur wie ein guter Hirte leben, sie also hegen und pflegen, wie es in der anderen Schöpfungsgeschichte mit dem Bild vom Garten Eden (Gen 2,15) ausgemalt ist.

2 Leibniz hat unter Bezugnahme auf Kepler in seinen «Essais de theodicée» (1710) die beste aller möglichen Welten in Anbetracht der Übel in der Welt begründet und gerechtfertigt. Darüber macht sich *Voltaire* in seinem Roman «Candide ou l'optimisme» (1759) lustig. Allerdings liegt hier ein anderer Weltbegriff zugrunde.

3 Als ein Beispiel sei die Errichtung von Pyramiden in Nordafrika, Südostasien und im indigenen Amerika zu ganz unterschiedlichen Zeiten genannt. Ein gegenseitiger Einfluß der verschiedenen Kulturen ist auszuschließen. Besitzt also das menschliche Denkvermögen im Sinne Keplers geometrische Vorstellungsmuster, nach denen es die Wirklichkeit erkennt und gestaltet? Derartige eingeprägte Muster würden einer anthropologischen Konstante entsprechen, deren Wirksamkeit die menschlichen Kulturleistungen relativ unabhängig von Raum und Zeit mitbestimmt hätte.

4 Zu dieser Zeit besaß Kepler noch kein eigenes Handexemplar von «De Revolutionibus» des Copernicus. Erst anläßlich einer Reise in die alte Heimat kam er in den Besitz eines Exemplars, das vormals Hieronymus Schreiber aus dem Wittenberg-Nürnberger Gelehrtenkreis um Melanchthon gehört und ihm sein Großvater *Sebald Kepler* (gestorben 1596) erwarb. Das heute in der Leipziger Universitätsbibliothek aufbewahrte Exemplar enthält zahlreiche Sacheinträge u.a. auch von Keplers Hand (vgl. Gingerich 2002).

5 Dieses Verhältnis bringt adäquat das von Kepler in der *Optik* (1604) entdeckte Grundgesetz der Fotometrie zum Ausdruck (*Astronomiae pars optica*, Kap. 1, prop. IX, in: KGW II,22).

6 Allerdings handelte Brahe gegenüber Kepler nicht selbstlos. So nutzte er dessen Anwesenheit für eigene Zwecke. Der Lehrer Keplers, wie Cassirer meint (Cassirer 1969, 33), ist Brahe allerdings nicht gewesen.

II.2. Keplersche Wende

1 Vor allem durch den technisch-instrumentellen Fortschritt bedingt, wurde die Fixsternparallaxe in den 30er Jahren des 19. Jahrhunderts fast zeitgleich von den Astronomen Thomas Henderson, F.G. Wilhelm Struve und Friedrich Wilhelm Bessel entdeckt. Damit war die endliche, aber durchaus unterschiedliche Entfernung der Fixsterne empirisch nachgewiesen.

2 Das schreibt Kepler in kommentierenden Anmerkungen zu seiner Übersetzung von Aristoteles *De Caelo* (II,13 u. 14), die er mit dem Titel «Aus dem andern Buch Aristotelis von der oberen Welt» verfaßt hat.

3 »Materia res una et sola post Deum», so in der «Apologia Tychonis contra Ursum» oder dem «Tractatus de hypothesibus», einer 1600/1601 im Auftrag von Tycho Brahe geschriebenen wissenschaftstheoretischen und wissenschaftsgeschichtlichen Schrift über den Begriff der Hypothese in der Astronomie (vgl. KGW XX.1, Nr. I u. II, S.15ff. u. 457ff.).

4 Für die Entfernung der Fixsternsphäre gibt er zu dieser Zeit (um 1610) an: das 30.000fache der mittleren Erdentfernung von der Sonne (*Dissertatio cum nunc. sid.*, in: KGW IV, 308). Ihr entspricht die jährliche Fixsternparallaxe von etwa 7˝; sie ist also im Mittel um etwa eine Zehnerpotenz zu klein. Zehn Jahre später hat Kepler für die mittlere Fixsternentfernung die Proportion angesetzt: Es verhält sich der Sonnenhalbmesser zum Radius der Saturnbahn wie dieser zur mittleren Fixsternentfernung (*Epitome IV.1*, in: KGW VII, 285f.). Da die Saturn-Entfernung etwa das 9,5fache der Erdentfernung von der Sonne ist und die Sonne von der Erde um 229 Sonnenradien entfernt ist, ergibt sich eine mittlere Entfernung von etwa 20 700 Entfernungen Erde-Sonne oder eine jährliche Fixsternparallaxe von rund 10˝.

5 Das genannte Problem ist erst vor wenigen Jahren von dem Mathematiker Thomas C. Hales gelöst worden. Vgl. dazu den Bericht in *Science News* vom 15. August 1998 (Vol. 154), p. 103.

6 So in der *Astr.nov., Introductio*, in: *KGW III*, S.24–27; in den Vorarbeiten dazu die *Axiomata physica de motibus stellarum*, in: *KGW XX.2*, S. 13–15; schließlich die *Epit. astr. cop.* (*KGW VII*), in der die Keplersche Kosmologie in traditioneller Lehrbuchform nach Frage und Antwort (Quaestionenstil) gegliedert und systematisch erschlossen wird.

7 »Gravitas enim est materiae corporis comes immediatus.» Diese bemerkenswerte Kennzeichnung der Schwere als Eigenschaft der Masse findet sich in der nachgelassenen Schrift «Responsio ad Ingoli disputationem de systemate», in: *KGW XX.1*, 173.12.

II.3. Naturphilosophie

1 Diese wichtige Textstelle sei auch in der lateinischen Originalfassung wiedergegeben: «Amat illa [natura] simplicitatem, amat unitatem. Nunquam in ipsa quicquam ociosum aut superfluum extitit: at saepius una res multis ab illa destinatur effectibus.»

2 So die Übersetzung des Titels von *Newtons* Hauptwerk «Philosophiae naturalis principia mathematica».

3 In: Myst.cosm.², cap. XI:: «...ipsa in se unam et solam proprietatem habet, infinitatem partium» (KGW VIII, 63.30f.).

4 Für *Franz Hammer*, den Herausgeber der *Optik* in der Münchener Kepler-Gesamtausgabe, hat dieses Werk «durch seinen Reichtum an glänzenden Ideen und durch die klaren Formulierungen der Probleme und Beweise» zu weiteren Forschungen angeregt (KGW II, 395). Entsprechend heißt es bei W.H. Donahue in der im Jahr 2000 erschienenen amerikanischen Ausgabe: «This book is the culmination of the perspectivist tradition in optics ... an epochal treatise (p.IV) ... one of the most important optical works ever written» (p. XI).

5 Das erste Kapitel wurde von *Ferdinand Plehn* in seiner unvollständigen Übersetzung in der Reihe «Ostwalds Klassiker der exakten Naturwissenschaften» (Nr. 198) in den 20er Jahren des 20. Jhs. als «weniger wichtig» übergangen.

6 Die hier wiedergegebene Figur, in der die Zodiakalpunkte der großen Konjunktionen, wenn sie miteinander verbunden werden, große Dreiecke um einen inneren Kreis formen, bildet den Ausgangspunkt für Keplers Weltmodell seines Grazer Werkes *Mysterium cosmographicum* (1596). Vgl. dazu die Ausführungen in dem Vorwort an den Leser (*Praefatio ad lectorem*), in: KGW I, 11ff.).

III. Harmonie der Welt

1 *Eberhard Knobloch*, Kommentar zu Keplers «Manuscripta mathematica», in: KGW XXI.1, 670.

2 Vgl. hierzu Keplers Ausführungen unter XV. definitio in Buch I der *Harmonice Mundi* (KGW VI, 23) sowie den Kommentar von *Max Caspar* in der deutschen Übersetzung (WH, 366 f.).

3 Dem Keplerschen Begriff Kongruenz liegt die wörtliche Bedeutung von *congruere*, d.i. zusammentreffen, zusammenstoßen, zugrunde. Kongruenz ist mit der Darstellbarkeit der Figuren verbunden, erschöpft sich aber bald. Darstellbarkeit bezieht sich auf die einzelnen für sich genommenen Figuren und würde sich mit der fortlaufenden Verdoppelung der Seiten über alle Grenzen fortsetzen. Dagegen hört Kongruenz rasch auf, weil sie sich durch die Zunahme der konstruktiven Winkel bei mehr als drei verschiedenartigen Figuren selber aufhebt.

4 Diese Sternpolyeder sind – worauf Christa Binder (Wien) hingewiesen hat – bereits in der Perspektivlehre der Renaissance bekannt, so je eines dem italienischen Maler *Paolo Uccello* (1397–1475) und dem Nürnberger Goldschmied *Wenzel Jamnitzer* (1508–1585), ohne daß die Körper hier mathematisch studiert worden wären (Cromwell 1997).
Neben den Sterndodekaedern hat Kepler noch das Rhombendodekaeder, das Rhombentriakontaeder sowie die 13 halbregulären Körper, die Archimedes gefunden hat, dargestellt. Darauf kann hier nicht weiter eingegangen werden.

5 Band XXI,2 der Gesammelten Werke Keplers ist zum Zeitpunkt der Niederschrift dieser Arbeit noch nicht erschienen. Die Publikation dieses vierten und letzten Bandes der Münchner Kepler-Ausgabe, in dem wissenschaftliche Manuskripte aus dem Kepler-Nachlaß ediert sind, ist für das Jahr 2006 geplant.
6 Kepler, Kommentierte Übersetzung von: Cl. Ptolemaios, Harmonicorum librum III, vorgesehen als Appendix ad Harmonices Mundi Librum V, jedoch dort nicht abgedruckt. Die Neuauflage wird für KGW XXI,2 vorbereitet.
7 Hier nota IX zu cap. IV der Ptolemaischen Harmonikschrift.
8 Da Kepler indessen die Bewegungen der Planeten in Noten ausgedrückt hat, lassen sich diese auch in Töne umsetzen, sowohl in der Zuordnung einer Tonart zu jedem Planeten als auch in der Zusammenstellung der Gesamtharmonien aller sechs Planeten. Eine erste Realisierung ist nach Angaben des Verfassers an der Bayerischen Akademie der Wissenschaften in München mittels eines Keyboards durch *John Blundell* erfolgt. Freilich muß hier der Tonumfang auf etwas mehr als vier Oktaven beschränkt bleiben.

Literatur

a) Gesamtausgaben und Reihen
Kepleri Opera Omnia, hrsg. von Christian Frisch. 8 Bände, Frankfurt/Erlangen 1858–1871.
Johannes Kepler Gesammelte Werke. Im Auftrag der Deutschen Forschungsgemeinschaft und der Bayerischen Akademie der Wissenschaften hrsg. von der Kepler-Kommission, München 1937ff.

Berichte der Kepler-Kommission (im Schriftenaustausch), München 1990ff.
Nova Kepleriana, Neue Folge. Edition, Kommentare, Bearbeitungen. Hrsg. von der Kepler-Kommission in: Abh. d. Bayer. Akad. d. Wissensch.; zugleich: Math.-naturw. Klasse, Abh. Neue Folge, München 1969 ff.

b) Einzelne Werke von Kepler, geordnet nach KGW; Übersetzung
Kommentarteil («Nachbericht») in Klammern

Als Verantwortliche für die einzelnen Bände der Edition zeichnen:
1937–1956 Max Caspar u. Franz Hammer,
1957–1969: Franz Hammer;
1975   Martha List;
1983–2002 Volker Bialas

KGW I (1938)
Mysterium Cosmographicum (1596), S. 1–145
De Stella Nova in pede Serpentarii et de Trigono igneo (1606),
S. 147–390
    De Stella Cygni
    De Stella Nova in pede Serpentarii, Pars altera
    De Jesu Christi vero Anno Natalitio
Bericht vom Neuen Stern (1604), S. 391–400
(Kommentarteil: S. 401–493)

KGW II (1939)
Astronomiae Pars Optica (1604)S. 5–392 (S. 393–466)
    Paralipomena in Vitellionem
    Astronomiae Pars Optica

KGW III (1937)
Astronomia Nova (1609), S. 5–424 (S. 425–488)

KGW IV (1941)
Kleinere Schriften (1602–1611)
   De Fundamentis Astrologiae certioribus, S. 5–35
   De Solis Deliquio, S. 37–53
   Bericht vom Kometen 1607, S. 55–76
   Phaenomenon singulare seu Mercurius in Sole, S. 77–98
   Antwort auf Röslini Diskurs, S. 99–144
   Tertius Interveniens, S. 145–258
   Strena seu de Nive sexangula, S. 259–280
   Dissertatio cum Nuncio Sidereo, S. 281–311
   Narratio de observatis 4 Jovis Satellitibus, S. 313–325
Dioptrice, S. 327–414
(Kommentarteil: S. 415–525)

KGW V (1953)
Chronologische Schriften (1613–1620)
   De anno natali Christi, S. 5–126
   Bericht vom Geburtsjahr Christi, S. 127–201
   Ad epistolam Sethi Calvisii responsio, S. 203–217
   Eclogae chronicae, S. 219–370
   Kanones pueriles, S. 371–394
(Kommentarteil: S. 395–470)

KGW VI (1940)
Harmonice Mundi (1619), S. 5–378
Apologia pro opere Harmonices Mundi (1622), S. 379–458
(Kommentarteil: S. 459–563)

KGW VII (1953)
Epitome Astronomiae Copernicanae (1618–1621), S. 5–538
(Kommentarteil: S. 539–619)

KGW VIII (1963)
Mysterium Cosmographicum editio altera (1621), S. 5–128
De Cometis libelli tres (1619), S. 129–262
Tychonis Hyperaspistes (1625), S. 263–438
(Kommentarteil: S. 439–517)

KGW IX (1955)
Mathematische Schriften
   Stereometria doliorum (1615), S. 5–133
   Messekunst Archimedis (1616), S. 135–274
   Chilias logarithmorum (1624), S. 275–352
   Supplementum Chiliadis (1625), S. 353–426
(Kommentarteil: S. 427–561)

KGW X (1969)
Tabulae Rudolphinae (1627), Praecepta S. 9–243; Tafeln f. 1–142
  Sportula (1629), S. 244–254
  Jacobi Bartschii Appendix (ca. 1631), S. 255–277
(Kommentarteil: S. 1*-127*)

KGW XI,1 (1983)
Ephemerides Novae Motuum Coelestium (1617–1636), S. 7–460
  Jakob Bartsch: Offener Brief an Johannes Kepler (1628), S. 461–466
  Joannis Kepleri Responsio (1629), S. 467–474
  Joannis Kepleri Admonitio ad astronomos (1629), S. 475–482
(Kommentarteil: S. 483–597)

KGW XI,2 (1993)
Calendaria et Prognostica (1597–1624), S. 7–264
Astronomica minora, S. 265–314
  Ad Progymnasmatum primum Tomum Appendix (1602)
  Astronomischer Bericht von zwei im 1620. Jahr gesehenen Mondfinsternissen (1621)
  Terrentii Epistolium cum Commentatiuncula Kepleri (1630)
  Somnium (1634), S. 315–438
  Somnium seu Opus posthumum de Astronomia Lunari
  Appendix Geographica, seu mavis, Selenographica
  Plutarchi Libellus de facie, quae in orbe Lunae apparet
  Notae Kepleri in Librum Plutarchi
(Kommentarteil: S. 439–563)

KGW XII (1990)
Theologica, S. 7–62 (S. 269–322)
  De omnipraesentia Christi (ca. 1610)
  Unterricht vom H. Sacrament (1617)
  Glaubensbekenntnis (1623)
  Notae ad epistolam Hafenrefferi ((1625)
Hexenprozeß: Conclusionsschrift (1621), S. 63–100 (S. 323–366)
Tacitus-Übersetzung: Das erste Buch der Historien (1625), S. 101–175 (S. 367–384)
Gedichte (1599–1627), S. 177–265 (S. 385–432)

KGW XIII (1945)
Briefe (1599–1599), S. 1–370 (S. 371–432)

KGW XIV (1949)
Briefe (1599–1603), S 5–454 (S. 455–520)

KGW XV (1951)
Briefe (1604–1607), S. 5–494 (S. 495–568)

KGW XVI (1954)
Briefe (1607–1611); S. 5–404 (S. 405–482)

KGW XVII (1955)
Briefe (1612–1620), S. 5–444 (S. 445–535)

KGW XVIII (1959)
Briefe (1620–1630), S. 5–462 (S. 463–592)

KGW XIX (1975)
Dokumente zu Leben und Werk (1563–1717), S. 1–474 (S. 475–551)

KGW XX,1 (1988)
Manuscripta Astronomica I (1601–ca. 1620), S. 15–456 (S. 457–592)
    Apologia Tychonis contra Ursum
    Ad Apologiam Tychonis
    Refutatio libelli, cui titulus Capnuraniae restinctio
    Catalogus librorum a Tychone Brahe conscriptorum
    Problemata astronomica
    De motu Terrae
    Hipparchus
    Lunaria
    Restitutionum Lunarium adversaria
    Consideratio observationum Regiomontani et Waltheri

KGW XX,2 (1998)
Manuscripta Astronomica II: (1609–1605)
    Commentaria in Theoriam Martis, S. 5–584 (S. 585–651)

KGW XXI,1 (2002)
Manuscripta Astronomica III (ca. 1596–1627), S. 7–346
(S. 591–641);
De Calendario Gregoriano (1601–1613), S. 347–440 (642–667);
Manuscripta Mathematica (ca. 1596–ca. 1619), S. 441–590
(S. 668–688)

KGW XXI,2 (in Bearbeitung)
Manuscripta varia: Harmonica; Astrologica; Chronologica; Mechanica

KGW XXII (in Bearbeitung)
Gesamtregister, Handschriftenkatalog, Verzeichnisse

Übersetzung
Kepler, Johannes: Weltharmonik. Übersetzung von Max Caspar, Darmstadt
  ²1971.

c) Literatur
v. Alten, G.: Kriege vom Altertum bis zur Gegenwart, Berlin 1912.
Andritsch, Johann: Gelehrtenkreise um Johannes Kepler in Graz, in: Gedenkschrift der Universität Graz, Graz 1975, S. 159–195.
Applebaum, Wilbur: Keplerian Astronomy after Kepler. Researches and problems. In: *History of Science* 34 (1996), S. 451–503.
Bialas, Volker: Die Bedeutung des dritten Planetengesetzes für das Werk von Johannes Kepler. In: *Philosophia Naturalis 13 (1971), H. 1, S. 42–55.*
– Keplers Beitrag zur Idee des Friedens im 17. Jahrhundert. In: Rudolph Haase (Hrsg.), Kepler-Symposium zu Johannes Keplers 350. Todestag, 25.-28. September 1980 in Linz, Linz 1982, S. 9–18.
– Die Prinzipien der Weltmaschine ergründen. Elemente Leibnizscher Naturphilosophie unter dem Einfluß der spekulativen Begrifflichkeit Keplers. In: *Topos. Internationale Beiträge zur dialektischen Theorie*, H. 6 (1995), S. 73–89.
Bischoff, Bernhard: Übersicht über die nichtdiplomatischen Geheimschriften des Mittelalters, in: Mitteilungen des Instituts für österreichische Geschichtsforschung 62(1954), S. 1–27.
Blum, Paul Richard: Giordano Bruno, München 1999.
Blumenberg, Hans: Die kopernikanische Wende, Frankfurt/M. 1965.
– Aspekte der Epochenschwelle. Cusaner und Nolaner, Frankfurt/M 1976.
Breitsold-Klepser, Ruth: Heiliger ist mir die Wahrheit. Johannes Kepler, Stuttgart 1976.
Brugger, Walter: Gegenstandskonstitution und realistische Erkenntnistheorie, in: Ders., Kleine Schriften zur Philosophie und Theologie, München 1984, S. 245–252.
Caspar, Max: Johannes Kepler. 4. erweiterte Auflage, hrsg. von der Kepler-Gesellschaft Weil der Stadt, Stuttgart 1995.
Cassirer, Ernst: Das Erkenntnisproblem in Philosophie und Wissenschaft der neueren Zeit. 1. Bd. Berlin 1906. Abschnitt Kepler, S. 253–289.
– Das Erkenntnisproblem in der Philosophie und Wissenschaft der neueren Zeit. 1. Band, Berlin 1922.
– Die Antike und die Entstehung der exakten Wissenschaft, in: *Die Antike* 13(1932), S. 276–300. Wieder abgedruckt in: Wilhelm Krampf (Hrsg.), Ernst Cassirer, Philosophie und exakte Wissenschaft. Kleine Schriften, Frankfurt/M 1969, S. 11–38.
Cifoletti, Giovanna: Kepler's De quantitatibus, in: *Annals of Science* 43 (1986), S. 213–238.
Copernicus, Nicolaus: Commentariolus. Erster Entwurf seines Weltsystems. Latein.-deutsche Ausgabe, hrsg. von Fritz Roßmann, München 1948.
– De Revolutionibus libri sex, hrsg. von H.M. Nobis u. B. Sticker, Hildesheim 1984. Nicolaus Copernicus Gesamtausgabe Bd. II.

Cromwell, Peter R.: Polyhedra, Cambridge 1997.
Cusanus (Nikolaus von Kues): De docta ignorantia. In: Philosophisch-Theologische Schriften, hrsg. von Leo Gabriel, Bd. 1, Wien 1989.
Descartes, René: Discours de la Methode (1637). Deutsche Ausgabe, hrsg. von A. Buchenau, Leipzig 1919.
Dickreiter, Michael: Der Musiktheoretiker Johannes Kepler, Bern 1973.
Dijksterhuis, E.J.: Die Mechanisierung des Weltbildes, Berlin 1956.
v. Dyck, Walther: Bericht über die Frage einer etwaigen Neuausgabe der Werke von Johannes Kepler. In: Verband deutscher wissenschaftlicher Körperschaften in Wien. *Berichte* 28. und 29. Mai 1914.
Fellmann, Ferdinand: Scholastik und kosmologische Reform. Studien zu Oresme und Kopernikus, ^{2}Münster 1988.
Ferrari d'Occhieppo, Konradin: Der Stern von Bethlehem in astronomischer Sicht, Gießen 1994.
Field, J.V.: A lutheran astrologer: Johannes Kepler. In: *Archive for History of Exact Sciences* 31(1984), S. 183–272.
– Kepler's geometrical cosmology, London 1988.
Galilei, Vincenzo: Dialogo della musica antica et moderna, Florenz 1581^1 u. 1602^2.
Gerlach, Walther/ List Martha: Johannes Kepler. Dokumente zu Lebenszeit und Lebenswerk, München 1971.
Gilbert, William: De Magnete, magnetisque corporibus, et de magno magnete tellure; Physiologia nova, London 1600.
Gingerich, Owen: An annotated census of Copernicus' De Revolutionibus (Nuremberg, 1543 and Basel, 1566), Leiden 2002.
Goethe, Johann Wolfgang v.: Zur Farbenlehre, Historischer Teil (1810). Weimarer Goethe-Ausgabe, II. Abteilung, 3. Band, Weimar 1893.
Götschl, Johann: Zur Wahrheit und logischen Struktur naturwissenschaftlicher Theorienbildung bei Johannes Kepler, in: Johannes Kepler 1571–1971, Gedenkschrift der Universität Graz, Graz 1975, S. 85–103.
Günther, Siegmund: Johannes Kepler und der tellurisch-kosmische Magnetismus, in: *Geographische Abhandlungen* III,2, Wien 1888.
Haase, Rudolph: Die Bedeutung von Finalität und Analogie für Kepler und die Gegenwart, in: Ders. (Hg.), Kepler-Symposium Linz 1980, S. 37–44.
– Marginalien zum dritten Keplerschen Gesetz. In: ders., Johannes Keplers Weltharmonik. Der Mensch im Geflecht von Musik, Mathematik und Astronomie, München 1998, S. 123–134.
Hartmann, Nicolai: Des Proclus Diadochus philosophische Anfangsgründe der Mathematik nach den ersten zwei Büchern des Euklidkommentars, Gießen 1909.
Holz, Hans Heinz: Autorität, Vernunft und Fortschritt. Reflexionen zur scholastischen Methode, in: *Topos* 12(1999), S. 79–100.
Horský, Zdenek: Die Wissenschaft an Hofe Rudolfs II. in Prag. In: Prag um

1600, Kunst und Kultur am Hofe Rudolfs II. Ausstellungskatalog der Kulturstiftung Ruhr, Essen 1988, S.64–74.

Horstmann, Frank: Ein Baustein zur Kepler-Rezeption: Thomas Hobbes' Physica coelestis. In: *Studia Leibnitiana* Bd. XXX/2 (1998), 135–160.

Hübner, Jürgen: Die Theologie Johannes Keplers zwischen Orthodoxie und Naturwissenschaft, Tübingen 1975.

Kepler, Johannes:
- Elegie «In obitum Tychonis Brahe», lateinisch-deutsch. Übertragen von Hans Wieland. In: *Nova Kepleriana N.F.* Heft 8, München 1992.
- Selbstzeugnisse. Übersetzt von Esther Hammer, Stuttgart-Bad Cannstatt 1971.

Knöfel, Erna: Johannes Kepler. Philosophische Mathematik als Grundlage seines Weltbildes (Diss., Maschinenschrift), Hamburg 1945.

Koestler, Arthur: Die Nachtwandler. Das Bild des Universums im Wandel der Zeit, Bern/ Stuttgart 1959.

List, Martha: Das Wallenstein-Horoskop von Johannes Kepler. In: Johannes Kepler, Werk und Leistung. Katalog zur Kepler-Ausstellung Linz 1971, S. 127–136.

Lombardi, Anna Maria: Johannes Kepler. In: *Spektrum der Wissenschaft* 4/2000.

Mahnke, Dietrich: Unendliche Sphäre und Allmittelpunkt, Halle 1937.

Maier, Anneliese: Die Mechanisierung des Weltbildes im 17. Jahrhundert, Leipzig 1938.

Meier-Oeser, Stephan: Hermetisch-platonische Naturphilosophie. In: Helmut Holzhey (Hrsg.), Grundriss der Geschichte der Philosophie (*Ueberweg*). Die Philosophie des 17. Jahrhunderts, Bd. 4/1, Basel 2001, S. 7ff.

Mittelstraß, Jürgen: Neuzeit und Aufklärung. Studien zur Entstehung der neuzeitlichen Wissenschaft und Philosophie, Berlin 1970.

- Natur. In: Ders. (Hrsg.), Enzyklopädie Philosophie und Wissenschaftstheorie, Band 2, Mannheim 1984.

v. Murr, Christoph Gottlieb: Mitteilung. In: *Journal zur Kunstgeschichte und zur allgemeinen Litteratur*. 17. Teil, Nürnberg 1789, S. 150 ff.

Nietzsche, Friedrich: Menschliches, Allzumenschliches, 1.Bd. Nietzsche Werke IV.2, hrsg. von G. Colli/ M Montinari, Berlin 1967.

Nobis, Herbert M.: Die Umwandlung der mittelalterlichen Naturvorstellung. Ihre Ursachen und ihre wissenschaftsgeschichtlichen Folgen. In: *Archiv für Begriffsgeschichte* 13(1969), S. 34–57.

- Ropé und Nutus in Keplers Astronomie. In: Kepler Festschrift 1971, Regensburg 1971, S. 244–265.

Oeser, Erhard: Schellings spekulative Rekonstruktion der Keplerschen Planetengesetze. In: *Philosophia Naturalis* 14(1973), S. 136–155.

Proklos: Euklid-Kommentar, hrsg. von Max Steck, Halle 1945.

Ptolemaios, Klaudius: Almagest. Handbuch der Astronomie. Deutsche Übersetzung von K. Minitius, hrg. von O. Neugebauer, Leipzig 1963.

Reitlinger, Edmund: Johannes Kepler. Erster Teil, Stuttgart 1868.

Roßmann, Fritz: Johannes Keplers astrologische Bestrebungen. In: *Beiträge zur Grundlagenforschung*, Heft 1: Astrologie-Trugschluß oder Wissenschaft? Erlangen 1950, S. 85–90.

Scaliger, Julius Caesar: Exotericarum exercitationum lib. XV. De Subtilitate, ad Hieronymum Cardanum, Paris 1557.

Schelling, F.W.J.: Fernere Darstellungen aus dem System der Philosophie (1802). In: Sämmtliche Werke, Abt. 1, Bd. 4, Stuttgart/Augsburg 1859.

Schiller, Friedrich von: Werke. Nationalausgabe Bd. 18, Historische Schriften, 2. Teil. Hrsg. von Karl-Heinz Hahn. Weimar 1976.

Schmidt, Johannes: Keplers Erkenntnis- und Methodenlehre, (Diss.) Jena 1903.

Schwarz, Hermann: Die Umwälzung der Wahrnehmungshypothesen durch die mechanische Methode, Leipzig 1895.

Steck, Max: Über das Wesen des Mathematischen und die mathematische Erkenntnis bei Kepler. In: *Gestalt. Abhandlungen zu einer allgemeinen Morphologie* 5(1941), S. 1–23.

Strauss, H.A./ Strauss-Kloebe, S.: Die Astrologie des Johannes Kepler. Fellbach 1981.

Tremel, Ferdinand: Das Bildungsideal zur Zeit Keplers, in: Johannes Kepler 1571–1971. Gedenkschrift der Universität Graz, Graz 1975, S.125–138.

Voltaire: Essai sur l'histoire générale et sur les moeurs e l'esprit des nations. In: Voltaire sämtliche Schriften, Bd. 9, Berlin 1787,

Vorländer, Karl: Philosophie der Renaissance, Reinbek 1965.

– Geschichte der Philosophie. I. Philosophie des Altertums, Reinbek 1965a.

Wahsner, Renate: Weltharmonie und Naturgesetz. Zur wissenschaftstheoretischen und wissenschaftshistorischen Bedeutung der Keplerschen Harmonienlehre. In: *Deutsche Zeitschrift für Philosophie* 5/1981, S.531–545.

Whewell, William: The History of the inductive sciences, Part I. Third edition, London 1857.

Zibermayr, Ignaz: Das oberösterreichische Landesarchiv in Linz im Bilde der Entwicklung des heimatlichen Schriftwesens und der Landesgeschichte, Linz 1950.

Bildnachweis

Abb. 1–3, 5–8, 21 Archiv der Kepler-Kommission München;
Abb. 4, 10–20, 22, 24 aus: Kepler Gesammelte Werke, München 1937ff.
Abb. 9, 23 nach Skizzen des Verfassers.

Register

a) Personenregister

Alhazen 58
Andreae, Jakob 20
Apollonios 50
Archimedes 50, 174
Aristoteles 13, 21, 67, 86, 90, 105, 110, 125, 173
Averroes 77

Bachaczek, Martin 35
Bachmaier, Wolfgang 36
Bacon, Francis 40
Bardi, Giovanni 135
Bartsch, Jakob 36, 48
Barwitz, Johannes 31
Bellarmino, Roberto 71
Bernegger, Matthias 37, 48, 114, 157
– *Tuba pacis* 151
Bessarion, Johannes 14
Bessel, Friedrich Wilhelm 172
Billi, Hillebrand 46
Binder, Christa 174
Blumenberg, Hans 171
Blundell, John 175
Boulliau, Ismaël 158
Brahe, Tycho 18, 27, 30-31, 41, 44, 55, 56, 61, 96, 160, 166, 169, 170–172
Brengger, Johann Georg 35, 69, 112
Bruce, Edmund 71
Bruno, Giordano 14, 15, 65, 68, 70, 74, 84, 102, 107, 156
Bürgi, Jost 125
Buridan, Johannes 92

Calvisius, Sethus 135
Cardano, Hieronymus 21, 77
Caspar, Max 70, 161, 174
Cassirer, Ernst 60, 172
Cellius, Erhard 21
Copernicus, Nicolaus 11, 15, 21, 26, 27, 32, 40, 57, 61, 71, 72, 73, 74, 76, 81, 90, 96, 97, 172
– *Commentariolus* 73
– *De Revolutionibus* 73
Crusius, Martin 21
Cunitia, Maria 159
Cusanus, Nicolaus 14, 51, 54, 57, 68, 69, 70, 74, 107, 121

Deckers, Johannes 25
Descartes, René 16, 59, 64
Dickreiter, Michael 132
Digges, Thomas 74
Donahue, W.H. 174
Dürer, Albrecht 128
Dyck, Walther Franz Anton v. 161, 162

Ehem, Philipp 25, 136
Empedokles 66
Erasmus v. Rotterdam 151
Eriugena, Johannes 99
Ernst v. Köln, Kurfürst 34
Euklid 50, 67, 68, 86, 96, 124–125

Fabricius, David 35
Fadinger, Stephan 43
Ferdinand II., Kaiser 43, 152–153

Fernel, Johann 111
Feselius, Philipp 113
Ficino, Marsilio 14
Frisch, Christian 161

Galenos v. Pergamon 148
Galilei, Galileo 13, 27, 34, 35, 40, 49, 71, 84, 96
Galilei, Vincenzo 135, 136
Gans, David 30
Gassendi, Pierre 16, 48, 159
Gemma, Cornelius 102
Gilbert, William 12, 57, 78, 79, 80, 90, 93
Goethe, Johann Wolfgang v. 12, 110, 155–156
Gogavinus 137
Grienberger, Christoph 25
Gringalletus, Janus 36
Guericke, Otto v. 159
Guldin, Paul 44
Günther, Siegmund 90

Hafenreffer, Matthias 22, 169
Hagecius, Taddeus (Hájek, Tadeáš) 30
Hales, Thomas C. 173
Hammer, Franz 174
Hansch, Michael Gottlieb 160
Harriot, Thomas 35, 112
Hegel, Georg Wilhelm Friedrich 161
Henderson, Thomas 172
Hermes Trismegistos 14, 29, 79
Herwart v. Hohenburg, Joh. Georg 25, 34, 35, 63, 124, 132, 137
Heydonus, Christoph 35
Hitzler, Daniel 23, 37
Hobbes, Thomas 159
Hoffmann, Johann Friedrich 31
Horrox, Jeremiah 158

Jakob I., König v. England 40, 150
Jamnitzer, Wenzel 174

Katharina II., russ. Zarin 161
Kepler (*Familie*)
– Barbara, geb. Müller (erste Frau) 25, 169
– Cordula (Tochter) 37
– Heinrich (Vater) 18
– Katharina (Mutter), geb. Guldenmann 18, 19, 135–136
– Katharina (Tochter) 137
– Ludwig (Sohn) 25, 46, 48
– Margarete (Schwester), 135
– Regina (Stieftochter) 25, 136
– Sebald (Großvater) 18, 172
– Sebald (Urgroßvater) 18
– Susanna (Tochter) 25, 36, 136
– Susanne, geb. Reuttinger (zweite Frau) 37, 170, 171
Kepler (*zur Person*)
– Aussehen 157
– Beobachtungen 27, 28, 34, 35
– Bibliothek 43
– Bildnis 39, 157, 159
– Credo 102, 154–155
– Tag der Geburt 171
Keplers Werke
– *Apologia* 32, 60
– *Astronomia Nova* 31, 32, 56, 79, 93, 96, 163, 173
– *Astronomiae pars optica* 32–33, 70, 108–112, 172
– Chronologische Schriften 38
– *De fundamentis astrologiae certioribus* 112
– *De quantitatibus* 125
– *De Stella nova* 118
– Denkschrift an Buchhändler 40–41
– *Dioptrice* 33, 49
– Disputation über Copernicus 22
– *Elegie auf den Tod Tycho Brahes* 30–31, 101
– *Ephemeriden* 46

- *Epitome Astronomiae Copernicanae* 41, 58, 153, 159, 168, 173
- *Glaubensbekenntnis* 23, 151
- *Harmonice Mundi* 38–41, 67, 68, 81, 87, 102, 120, 124, 125, 131, 135, 136–139, 144, 149, 157, 167
- Kalender und Prognostiken 113–116, 141
- *Mysterium cosmographicum* 26, 27, 38, 55, 85, 86, 88, 120, 140, 174
- *Narratio de Jovis satellitibus* 34
- Selbstzeugnisse 171
- *Somnium* (Traum vom Mond) 45, 192
- *Strena* 87, 102
- *Tabulae Rudolphinae* 31, 41, 44, 113, 118, 152, 158
- Tabulae Rudolphinae, *Appendix* 48
- *Tertius interveniens* 59, 105, 113

Knobloch, Eberhard 174
Koestler, Arthur 157
Krafft, W.L. 167

Lansius, Thomas 157
Leibniz, Gottfried Wilhelm 40, 70, 160, 172
Limnäus, Georg 27
Longomontan, Christian 32, 35
Löw, Rabbi 30
Luther, Martin 15, 22

Magini, Joh. Antonini 35
Mahnke, Dietrich 70
Maier, Anneliese 59
Mästlin, Michael 21, 23, 26, 37, 51, 55, 83, 96, 112, 124, 169
Matthias, Kaiser 36
Maximilian, Herzog v. Bayern 43
Melanchthon, Philipp 15, 24, 125, 172
Mersenne, Marin 159
Müller, Philipp 141

Müller, Vitus 21
Murr, Ch.G. 167

Newton, Isaac 88, 159, 161, 171, 173
Nietzsche, Friedrich 156
Nikolaus von Kues s. Cusanus
Nostradamus 12
Novara, Domenico M. di 90

Oberndorffer, Johann 48
Oresme, Nicole 104
Origanus, David 118
Osiander, Andreas 61, 76

Papius, Johannes 24, 112
Pappos 50
Paracelsus, Ph. A. Theophrastus 14, 70
Patrizi, Francesco 61
Peregrinus, Petrus (Pierre de Maricourt) 78
Peuerbach, Georg 96
Piscorius, Johannes 31
Planer, Andreas 21, 125
Plank, Johann 38
- Planksche Druckerei 43
Platon 65, 66, 153
- *Timaios* 65–67
Plehn, Ferdinand 174
Plethon, Gemistos 14
Plinius d. Ältere 105
Plotin 68
Porphyrios 137
Porta, Gambattista della 33
Proklos 50, 52, 57, 65, 67, 68, 82, 124
Ptolemaios, Klaudios 21, 74, 136, 138, 152, 175
- *Harmonik* 136, 137, 138, 152

Rameé, Pierre de la (Ramus, Petrus) 52, 124
Regiomontan, Johannes 21, 96

Reinhold, Erasmus 76
- *Tabulae Prutenicae* 76
Reuchlin, Johannes 12
Rudolph II., Kaiser 29, 36, 41, 61

Scaliger, Julius Caesar 21, 77, 78, 89
Schegk, Jacob 21, 125
Schelling, Friedrich Wilhelm Joseph 161
Schickard, Wilhelm 37, 48, 157
Schiller, Friedrich v. 11
Schreiber, Hieronymus 172
Schuler, Johannes 36
Schwippel, Jindrich 171
Seiffart, Matthias 36
Stadius, Georg 24
Starhemberg, Heinrich Wilhelm v. 38
Street, Thomas 160
Struve, F.G. Wilhelm 172
Suárez, Francisco 58

Tanckius, Joachim 134
Tengnagel, Franz Gansneb 31
Thomas von Aquin 22
Tschernembl, Georg Erasmus v. 38

Uccello, Paolo 174
Ursinus, Benjamin 34, 36, 61

Voltaire 45, 172

Wackenfels, Matthäus Wackher (Wacker) v. 31, 37, 103, 136
Walch, Johann Philipp 41
Wallenstein, Albrecht v. 44, 118, 170
Weigenmaier, Georg 21
Whewell, William 57
Wing, Vincent 160
Witelo (Vitellio) 33, 108
Wotton, Henry 40

Ziegler, Reinhard 70
Zimmermann, Wilhelm 24

b) Sachregister

Absurditäten 69–70
Acht-Minuten-Differenz 63
Adelberg 20
Analogie Kraft-Licht 93
anima motrix 89–91
a posteriori 55
Archetypus 121, 138, 144
Aristotelismus 72, 97
artes liberales 13
Aspekte 115, 139–144
Ästhetik 122
Astrologie 112–119
- astrologisch-medizinische (iatromathematische) Regeln 115
- Charakter des Menschen 117
- Direktionen 117
- Dreiecke nach Elementen 117–118
- Gestirnseinfluß 115–116
- Häuser 116
- Horoskop 114, 117
- Horoskop für Wallenstein 118, 119
- Nativität 117
- Praxis 118
- Tierkreis, Zwölfteilung 116, 117, 118
Astronom als Priester 154, 155
Äther 95
aurea regula Kepleri 167
Ausfüllung der Ebene 87
- des Raumes 86, 88
Ausgleichungsrechnung 57

Begrenztes-Unbegrenztes (peras-apeiron) 52, 68

Beobachtungen Brahes 56, 63
Beseelung der Welt 79
– des Stoffes 86
Bewegungsantrieb 90, 91, 92
– impuls 91
– kraft 95
Bewohner anderer Planeten 103
Bibliotheken 38
Brechungsgesetz 33
Buch der Natur 101, 102, 121, 154

Cabala Geometrica 134
camera obscura 28
Camerata Fiorentina 135
Chronologie 25
Coss 52, 124, 125
Cusanus-Bibliothek 70

Denken, mechanistisch 104, 105
Dreifaltigkeit, Bild in der Kugel 109
Dreißigjähriger Krieg 11
Dur-Moll 147

Ebenbildverhältnis 54
Ekliptikinstrument 28
Elemente, antike 66, 97, 129
Emanation 94
Empirie 55, 56
Endlichkeit, kosmologisch 80, 82, 84, 85
Endlichkeitsproblem 74, 75, 76
Epoche 171
Epochenschwelle 16
Erde
– Organismus 103
– Tonfolge 147
– Rotation 79
– Seele 104, 140, 145
Erkenntnislehre 49
erster Beweger 90, 94

facultas formatrix 86
Farbe 59, 111

Fernrohr 33, 34, 35, 49, 158
Fibonaccische Zahlenfolge 134
Figuration 52, 126
Figuren
– halbreguläre 128
– reguläre 126, 142, 144
Fixsterne 82, 84
– Entfernung 173
– Parallaxe 75, 173
Flächensatz s. Keplersches Gesetz II
forma mundi 88, 160
Fotometrie, Grundgesetz 110
Frankfurter Messe 44
Friedensphilosophie 150-154

Geburt Christi, Datierung 118
Gedenkstätte 46, 171
Gehalt 46
Geheimschrift 44
Geistkräfte 77, 92, 93
Genius 154, 155-157
Geodäsie 34-35
Geometrie 54, 124, 172
geometrisch
– aussprechbar 126
– wißbar 126, 142
– Lettern 121
– Methode 50
– Vorstellung 172
Gerechtigkeit 152
Gesetz der Waage 92
Gezeiten 78, 97-98
Glaubenskonflikt 37
goldener Schnitt 133-134
Gottes Selbstschau 81
Grabinschrift 46–48
Graz
– Jesuitenkollegium 24
– Stiftsschule 24-25
große Konjunktion 86, 118

Harmonie
– Begriff 122, 123

- der Welt 105–107, 120, 121
- in der Natur 103
- mathematische Grundlegung 124, 125, 126, 128–130
- reine 123

Harmonienstammbaum 132–133
Harmonik, musikphilosophisch 137–139
harmonisch
- Himmelsbewegungen 145, 146, 147
- Intervalle 133, 140
- Proportionen 132, 134, 140, 144, 145
- Teilung 132

Heliozentrismus 81, 82
Helligkeit 110
Hermetik 29
Herz, Lichtfunken 111
Hexenprozeß 18
Himmelsmechanik 88
Himmelsphysik 80, 88, 93
Hylozismus 77
Hypothese 60–63, 76

Impetus 91, 92
Indexkongregation 40
induktive Methode 56, 57

Jahreskalender 25
Jupitermonde 33, 34

Kaballah 12
Kategorien, formal-logische 105
Kepler-Gedenken 171
- Gesellschaft 19
- Gleichung 158
- Kommission 161
- Manuskripte 160, 168, 176
- Nachlaß s. Kepler-Manuskripte

Keplersche Gesetze 32, 57, 63, 95, 163–168
- Gesetz I 93, 95, 163
- Gesetz II 95, 163
- Gesetz III 40, 90, 95, 144, 148, 149, 167

Keplersche Wende 64
Kirchenkonzil 151
Koinzidenz der Gegensätze 69
Konfiguration s. Aspekt
Kongruenz (geometrisch) 128, 129, 174
Konkordienbuch 20
- formel 37
Konsonanzen 142, 146
Kosmos
- endlicher 106
- geometrischer 149
- harmonischer 148, 167
- trinitarischer 80, 83
- Vorstellung 102, 121

Kraft 91, 92
- Begriff 88
- bewegende (virtus motrix) 59
- göttliche 89
- magnetische 79, 95

Krieg 152
Kugelpackung 87

Leben 111
Lebensgeist 111
Leonberg 18
Licht 58, 59, 83, 84, 90
- Archetypus 109
- diaphan (transparent) 110
- Fixsterne 84
- geschwindigkeit 110
- Metaphysik 112
- Natur 108–110, 112
- opak (lichtundurchlässig) 110
- Sonne 58
- strom 91

Linz, Landschaftsschule 36
Lobpreis 149
lumen naturae 101

Magnetismus 78, 79, 80, 90, 93
Makrokosmos-Mikrokosmos 14, 113, 115
Marsbewegung 165
Materie 82, 106, 173
Materiestrom 93
Mathematik 68, 82, 125, 138
Maulbronn 20
Mechanisierung 59
Mediceer 65
Mediceische Sterne 33
Medizin 111, 115
Messen 69, 107
methodische Prinzipien 51
Mondbewegung 91
Monochord 132
musica mundana 131
Musik und Harmonie 122
Musikstudien 130, 135

Natur
– begriff 99-107
– der Dinge 62
– gesetz 64, 138, 168
Naturzweck, theologischer 120
Newtonsches Gravitationsgesetz 98
nutus 93, 94

Optik 108, 111

Paradigmenwechsel 96, 97
Parkettierungsproblem 128
Philosophie 153
Physik des Himmels 32, 96–98, 100, 107
Planetarium 88
Planeten
– Motiv (musikalisch) 147
– Tonfolgen 147
Planetenbewegung
– dynamische 95
– elliptische 93, 94, 163, 164
– extreme 145, 146

Platonische
– Akademie 13, 56
– (reguläre) Körper 66, 67, 86, 87, 128, 149
Platonismus 13, 65–68, 73, 74
Prag 28–31
– Carolinum 30
– Clementinum 30
Prinzip des Messens 51
Proportionen 52, 53, 126
– harmonische 126

Quadrivium 135
Quantität 52, 53

Radiensatz 167
Raum und Zeit 105, 106, 107
Raumauffassung 82, 83
Raumfahrt 92
Realismusproblem 60
Regenbogen 111
Regensburg
– Dom 171
– Friedhof 46, 47
– Kepler-Museum 171
Renaissance-Humanismus 11

Scholastik 65
– Naturphilosophie 91, 92
Schöpfungstag 105
Schwere 73, 97, 98, 161, 173
Seele
– Erde s. Erdseele
– Kraft 89
– Planeten 103
– Sonne 145
seelisches Prinzip 102
Selbstcharakteristik 16
Sinnestäuschung 61
Sittlichkeit 153
Sonne
– Körper 62
– Magnetfeld 95

- Rotation 71, 80, 94, 95
species 93, 95, 123
Species-Lehre 57-59
spekulativ
- Denken 50
- Erkenntnis 84
St. Petersburg 161, 167
stellvertretende Hypothese 62, 166
Sternpolyeder 129, 130, 174
Steuerruder 93
Straßburg, Thomasstift 157
Symbol 134
- trinitarisch 83, 85

Teilung, stetige 128
Textrezeption 51
Theologie 22
Theorienbildung 57
Theosophie 12
Tod 46
Toleranz 151
Trägheit
- Körper 92
- Materie 95, 107
trinitarischer Symbolismus 83–86
Tübingen, Universität 20, 26

Unendlichkeit
- Fixsterne 106
- kosmologisch 69, 71, 74, 75, 82
Urbild (Archetypus) 52, 53, 54, 55, 82, 83, 88
Urbild s. Archetypus
Urharmonien 145

Vakuum 80
Vielheit der Welten 70, 71

Wahlspruch 27, 155
Wahrheitsbegriff 63
Wallenstein-Horoskop 44
Wärme 111
Weil der Stadt 18
- Kepler-Gesellschaft 19
- Kepler-Museum 171
Welt
- figuren 87, 88
- figuren s. auch Platonische Körper
- geist 102
- harmonik 161
- maschine 88, 104
- modell 85, 86, 88
- schöpfung 125
- Uhrwerk 105
Wende, copernicanische 16
Wirbelbewegung 95
Wirklichkeit 60, 62
Wissenschaft als Allgemeingut 9, 153
wissenschaftliches Leben 156
Württemberg 20

Zahlenmystik 86
- symbolik 68
Zeitbegriff 107
Zentrum
- der Welt 90, 97
- problem 72
Zweck 64